DAS GROSSE BMW-02-BUCH

Stefan Schrahe

DAS GROSSE BMW-02-BUCH

Stefan Schrahe

HEEL

IMPRESSUM

HEEL Verlag GmbH
Gut Pottscheidt
53639 Königswinter
Telefon 0 22 23 / 92 30-0
Telefax 0 22 23 / 92 30 26
Mail info@heel-verlag.de
Internet www.heel-verlag.de

Verantwortlich für den Inhalt:
Stefan Schrahe

Fachliche Beratung und Bildrecherche:
Hans-Friedrich Andexer, Wuppertal
Lektorat: Oliver Schrott, Köln
Satz: Dr. Cantz'sche Druckerei, Ostfildern
Layout und Lithos: Atelier Frings GmbH, Bonn
Gestaltung und Herstellung: Georg Grützner, Bonn

Printed in Czech Republic

ISBN 978-3-86852-943-2

Inhaltsverzeichnis

M-ZE 1820

Vorwort

Im Frühjahr 1966 trat der BMW-Aufsichtsrat zusammen. Auf der Tagesordnung standen die Diskussion der Ergebnisse des vergangenen Jahres sowie die Planung des laufenden.

Der Vorstand nahm diesen Termin wahr, um vor der Aufsichtsratssitzung sein neuestes Kind, den BMW 1600-2 den Herren Aufsichtsratsmitgliedern vorzustellen. Die Kollegen von der Technik veranstalteten eine perfekte Demonstration. Die Aufsichtsräte waren begeistert. Fahrleistung, Ausstattung und Styling wurden bewundert.

Dann begann die Aufsichtsratssitzung. Der Vorsitzende, Herr Dr. Karoli, lobte den Vorstand für das eben besichtigte neue Modell. Dann fragte er mich: „Was soll das Kind denn kosten?" Ich antwortete: „8650,– DM." Da stand Herr Dr. Karoli auf: „Meine Herren, haben Sie das gehört, 8650,– DM, wo vergleichbare Autos von Ford oder Opel keine 7000,– DM kosten? Hahnemann, das muß doch schiefgehen! Und was dann?" Ich erläuterte den Herren noch einmal eindringlich und akademisch untermauert nach Professor Spiegel's Markt-Modell der Nische die Vorzüge des neuen Wagens, und daß der Preis nicht unbedingt dasselbe Kriterium darstelle, wie dies bei den Autos anderer Marken notwendigerweise eine Rolle spielen würde. Im Gegenteil, ein BMW müsse, unserem Image gemäß, teuerer sein als die anderen. Die Aufsichtsräte blieben skeptisch.

Die geäußerten Bedenken verfehlten nicht ihre Wirkung auf mich. Die Vorstellung des Wagens bei Händlern und bei der Öffentlichkeit wurde mit äußerster Akribie geplant und mit hohem Aufwand durchgeführt. Das Auto mußte zu einem Erfolg werden. Und es wurde ein Erfolg.

Wir hatten Glück – das Glück des Tüchtigen? Der Markt nahm das Auto an. Es wurde zum Renner und hat wesentlich dazu beigetragen, BMW in eine glücklichere Zukunft zu führen.

Der BMW 1600-2 – später mit einer 2 l-Maschine als BMW 2002 – war das Spitzenprodukt der „Neuen Klasse". Seinen Fahrern fiel es nicht schwer, sich mit ihm zu identifizieren.

Der 1600-2 hat es verdient, daß ihm ein Denkmal gesetzt wird.

im Februar 1989

Paul G. Hahnemann

Vorgeschichte

Glanzleistung aus Vorkriegstagen: BMW 328.

Kaum Hoffnung auf einen Neubeginn

Jede Geschichte hat ihre Vorgeschichten. Jeder schöpferische Akt – und nichts anderes ist die Entwicklung eines Automobils – ist eingebunden in seine Zeitgeschichte und in die Vergangenheit derer, die an seiner Entwicklung beteiligt sind. Die Geschichte des 02 macht da keine Ausnahme. Die Geschichte des 02 wäre unvollständig ohne die Geschichte der Bayerischen Motoren Werke und die Situation, in der sich die Firma während seiner Entwicklungsphase befand. Vor allem aber wäre sie unvollständig, ohne einen Rückblick auf die „Neue Klasse" zu nehmen, mit der bei BMW ab 1962 wieder bessere Zeiten anbrachen.

Die Ereignisse des Zweiten Weltkrieges hatten das Weiterbestehen der Bayerischen Motoren Werke äußerst fragwürdig erscheinen lassen. Die Werke in Milbertshofen und in der Münchener Dostlerstraße waren zerstört, das Werk Eisenach stand unter sowjetischer Kontrolle. Allein die Allacher Werksanlagen, in denen noch Wochen zuvor die Flugmotorenproduktion auf Hochtouren gelaufen war, hatten Luftkrieg und Einmarsch der amerikanischen Besatzungstruppen unversehrt überstanden. Deshalb schienen sie auch den Amerikanern zur Einrichtung eines Nachschubdepots geradezu ideal. Bereits ab Juli 1945 diente das nunmehr Karlsfeld Ordnance Depot genannte Werk auch als Reparatur- und Überholungsbetrieb für amerikanische Armeefahrzeuge.

Glorreiche BMW-Zeiten: Mille-Miglia-Erfolge 1939 und 1940.

Dem Werk Milbertshofen dagegen war kein so glückliches Schicksal beschienen: Zwar lief auch dort zunächst ein Reparaturbetrieb für Armeefahrzeuge an, der wurde jedoch bereits am 1. Oktober 1945 jäh beendet. Der Stellvertretende Standortkommandeur Keller wies den Oberbürgermeister der Stadt München an, die Werksanlagen und Produktionseinrichtungen demontieren und in Kisten verpacken zu lassen. Parallel zur Demontage – immerhin sollten 4600 Maschinen und Geräte aus den Werkshallen ausgeräumt und als Kriegsgut an neunzehn Nationen verteilt werden – gelang es dem früheren BMW-Aufsichtsrat aber doch noch, eine kleine Produktion an landwirtschaftlichen Geräten, Teigrührmaschinen, Fahrrädern und Kochtöpfen (aus den Leichtmetallzylindern der Flugmotoren) aufzuziehen.

Mit „Veritas" wollte Ernst Loof das BMW-Erbe fortführen.

Zuerst am Zug:
PKW- und Motorrad-Produktion in Eisenach

In Eisenach waren die sowjetischen Besatzer indes auch nicht untätig geblieben. Auch hier war der erste Verwendungszweck des teilzerstörten Werks die Reparatur von

Armeefahrzeugen. Die Sowjets sahen aber im beschlagnahmten Eisenacher Werk nicht nur Gebäude und Maschinen, sondern auch technisches Know-how, das im eigenen Land fehlte. So waren sie an einer möglichst raschen Wiederaufnahme der Produktion interessiert. Die Zusicherung von Oberingenieur Albert Siedler, ab Oktober 1945 pro Jahr dreitausend PKW vom Typ 321

Neubeginn ohne Innenleben: R 24-Ausstellungsstück.

und ebensoviele Motorräder vom Typ R 35 zu bauen, sicherte dem Werk die Weiterexistenz. 1948 erweiterten die Sachsen sogar das Programm: Der Typ 340, eine modifizierte Version des 326er-Vorkriegs-Typs, lief als viertürige Limousine sowie als Kombi vom Band. Auch Coupé- und Cabrio-Versionen des 327 wurden von der russischen Aktiengesellschaft „Awtowelo", die das Werk inzwischen übernommen hatte, schon bald wieder in kleiner Stückzahl produziert. Dies allerdings nur für den Export, schließlich brauchten die Sowjets dringend Devisen.

Daß die Männer aus dem Osten nicht nur vorhandene Konstruktionen modifizieren, sondern auch den Fortschritt vorantreiben wollten, demonstrierten sie auf der Leipziger Frühjahrsmesse 1949: BMW präsentierte einen futuristisch geformten Sportwagen, den „SI" mit Stromlinienkarosserie und Plexiglasdach. Das alte Zweiliter-Aggregat des 328 hatten die Techniker auf 130 PS gebracht. Wie – das war zunächst ein Geheimnis.

Des Rätsels Lösung: Die ehemalige Auto Union-Versuchsabteilung in Chemnitz war mitsamt Belegschaft BMW angegliedert worden. Die Auto Union-Konstrukteure hatten schon während des Krieges mit Benzineinspritzungen experimentiert. Eine solche Einspritzung hatte man jetzt auch dem 80 PS-Motor des 328 verpaßt. Resultat: Der erste BMW mit Einspritzung – und der gleichen Leistung wie 20 Jahre später der 2002 tii.

Neubeginn auch in München

Völlig untätig war man derweil auch in Bayern nicht. Auf dem Genfer Automobilsalon 1948 stellte BMW-München

Das Barockengel-Design war nicht mehr zeitgemäß.

das erste Nachkriegs-Motorrad vor. Zweifellos ein Akt, der großen Optimismus verriet: Schließlich war noch nicht einmal geklärt, wie die Maschine überhaupt produziert werden sollte. Das 250er-Motorrad war denn auch ein echter „Dummy": Weil die Werkzeuge zur Produktion fehlten, besaß sie weder Getriebezahnräder noch eine Kurbelwelle. Trotzdem waren 2500 Ausstellungsbesucher von der Attrappe so begeistert, daß sie die neue Maschine verbindlich vorbestellten. Erst die Währungsreform vom 20. Juni 1948 schaffte jedoch die politischen Voraussetzungen für eine Serienproduktion. Immerhin mußte ein kompletter Maschinenpark aufgebaut werden. Am 17. Dezember 1948 um 16 Uhr war es endlich soweit: Die erste R 24 lief vom Band.

Über dem hoffnungsvollen Neuanfang hing allerdings ein Damoklesschwert: Da in Eisenach bereits BMW-Personenwagen unter dem Namen BMW-Eisenach vom Band liefen, die auch als BMWs in die Westzonen exportiert wurden, erhob die Awtowelo den Anspruch, alleine den Namen „BMW" führen zu dürfen. Für die Bayern wäre dies eine Katastrophe gewesen, war doch der Name das größte Kapital, das man aus der Vorkriegszeit herüberretten

Rennwagen von AFM oder Martini bauten auf BMW-Technik.

konnte. Das Landgericht Düsseldorf entschied jedoch am 17. November 1950 zugunsten der Münchener. Begründung: Der Firmensitz sei seit jeher in München gewesen und die Zwangsenteignung durch die Sowjets beinhalte keinen Verlust von Zeichen und Patenten. Die Folge für die Eisenacher: Sie mußten fortan unter EMW firmieren, also Eisenacher Motoren Werke. Damit standen die Signale für die Bayern endgültig wieder auf Grün, waren sie jetzt doch die einzigen, die Automobile mit dem Namen BMW bauen durften. Nur: Das hatten sie in München noch nie getan. Personenwagen liefen auch jetzt, 1950, weder in München, noch in Milbertshofen oder Allach vom Band.

Keine Schönheit: BMW 503 – ebenfalls von Graf Goertz.

Traum-Design: Albrecht Graf von Goertz entwarf den 507.

Sporterfolge halten die Fahne hoch

Dafür produzierten die von ehemaligen BMW-Leuten gegründeten „Veritas"-Werke bereits 1949 wieder Sportwagen auf BMW-Basis. Reiste Veritas-Chef Ernst Loof anfänglich noch im Land herum, um aus der Vorkriegszeit übriggebliebene 328-er Typen aufzukaufen und darauf neue Sportwagen aufzubauen, präsentierten seine Veritas-Werke schon bald eigene Konstruktionen. Die bei den ersten Motorsportveranstaltungen der Nachkriegszeit sehr erfolgreichen Veritas-Sportwagen mit BMW 328-Aggregaten trugen zunächst die Bezeichnung „Veritas-BMW" im Firmenzeichen. Allerdings ohne Genehmigung der Münchener, die dies 1950 auch prompt unter Strafandrohung verboten. Ohne freilich selbst Alternativen zu bieten: Die Stütze des Unternehmens war nach wie vor der Überholungs- und Reparaturbetrieb amerikanischer Armeefahrzeuge im ehemaligen Flugzeugmotorenwerk Allach.

Daimler streckt die Fühler aus

Kein Wunder, daß man sich allerorten Gedanken darüber machte, was passieren könnte, wenn die Amerikaner Allach aufgeben würden. Ein riesiges Werk stände dann praktisch unbenützt in der Gegend herum. Das rief Dr. Wilhelm Haspel, Chef der Daimler-Benz AG, auf den Plan. Die Schwaben suchten dringend eine Produktionsstätte für ihre neuentwickelte Ackerzugmaschine Unimog. Allach schien dafür geradezu prädestiniert. Haspel suchte also von Stuttgart aus das Gespräch mit München. Um den Bayerischen Motoren Werken den Gedanken an eine bayerisch-schwäbische Kooperation schmackhafter zu machen, boten die Stuttgarter BMW-Chef Donath sogar an, die gesamte PKW-Dieselmotorenfertigung an die Bayern abzutreten. Haspel meinte gar, eine Fusion von Daimler-Benz und BMW sei ein solcher Glücksfall, wie er „nur einmal im Jahrhundert denkbar" sei. Doch Donath lehnte ab – was ihm von den Allachern, denen eine BMW-Zukunft keineswegs sicher schien, zunächst äußerst übelgenommen wurde. Donath hatte aber erkannt, daß die Umarmung durch den Stuttgarter Riesen BMW erdrückt und einen Verlust der Eigenständigkeit der Bayerischen Motoren Werke bedeutet hätte.

Zu groß und zu konservativ: Der 501

Seine Weigerung hatte allerdings noch einen weiteren, vielleicht entscheidenden Grund. Noch während der Gespräche mit Daimler Benz legten die BMW-Ingenieure letzte Hand an einen neuen Personenwagen.

Zahlreiche Überlegungen hatten bei der Entwicklung Pate gestanden: Da BMW sich finanziell nicht in der Lage sah, eine Großserienproduktion auf die Beine zu stellen, mußte ein neuer BMW – im Gegensatz zu den Vorkriegstypen – ein exklusiver und teurer Wagen werden. Das gute Image von BMW würde, so hoffte der Vorstand, den nötigen Verkaufserfolg schon sicherstellen. Eine moderne Pontonform oder eine selbsttragende Karosserie lehnten die Manager ab. Beides hielt man für Modeerscheinungen, der neue BMW sollte in Design und Technik nahtlos an die Vorkriegstradition anknüpfen.

Am 13. April 1951, nach knapp zweijähriger Entwicklungszeit, enthüllte Kurt Donath im „Bayerischen Hof" in München schließlich die erste Nachkriegs-PKW-Konstruktion der Münchener: den 501. Er sollte nach dem Willen seiner Väter der Marke BMW zu neuem Ruhm verhelfen und als direktes Konkurrenzmodell zum Mercedes 220 dem Stuttgarter Stern das Leben schwermachen.

Dem zeitgenössischen Publikum erschien der Neuling freilich etwas zu traditionsbeladen: Sein Kastenrahmen war ebenso von den Vorkriegs-BMWs bekannt wie der Sechszylinder. Für die Gestaltung der Karosserie war der ehemalige Horch-Designer Peter Szimanowski verantwortlich. Mit der schwülstigen und barocken Linienführung hatte er den Zeitgeschmack völlig falsch eingeschätzt. Gegenüber den eleganten Vorkriegsmodellen hatte der 501 sogar klar an Linie verloren. Und teuer war er: 15.150 Mark konnten 1951 wohl nur Generaldirektoren aufbringen. Das Durchschnittsgehalt lag bei 350 Mark im Monat!

Kleinwagen mit stattlichen Produktionszahlen: Isetta.

Mißglückter Auftakt

Der 501 stand von Anfang an im Kreuzfeuer heftiger Kritik: Als geradezu vermessen wurde der Versuch angesehen, in ein Marktsegment eindringen zu wollen, das von Daimler-Benz klar beherrscht wurde. Außerdem hatte es BMW immer gut angestanden, vor allem in der Mittel-

Selbst der Ruf, Deutschlands schnellste Limousine zu sein, verhalf dem Achtzylinder nicht zum Durchbruch.

klasse technisch hochwertige Fahrzeuge anzubieten. Hier hatte man, etwa als Konkurrenten zum Hansa 1800, einen neuen BMW-Typ vermutet. Über die Erwartungen des Marktes aber hatten sich die Verantwortlichen arrogant hinweggesetzt – eine sorgfältige Analyse hätte ihnen das Scheitern des Projektes vorhergesagt. Daß von der Präsentation bis zur Serienfertigung noch einmal eindreiviertel Jahre ins Land gingen, paßt gut zu diesem mißglückten Auftakt der Pkw-Fertigung.

Der erste Achtzylinder

Dem damals von Auto-Testern angekreideten mangelnden Temperament – die 1,3 Tonnen schwere Limousine leistete anfangs nur 65 PS – versuchen die Bayern 1954 mit einem technischen Paukenschlag beizukommen. Sie präsentierten den ersten deutschen Achtzylinder nach dem Krieg, zudem der erste Achtzylinder der Welt, der komplett aus Leichtmetall gefertigt war. Zwar hatte man jetzt einen hochmodernen, immerhin 95 PS und in der Folgezeit bis zu 140 PS starken Motor – die schwülstige Karosserie aber blieb. Diese barocke Form fuhr BMW mit zielstrebiger Sicherheit ins Fiasko. Für die Entwicklung eines neuen Blechkleids fehlte das Geld und an jedem der in der Produktion (aufgrund seiner üppigen Karosserierundungen) enorm teuren Barockengel setzten die Münchener über 4000 Mark zu.

Trotzdem schien die Devise zu lauten: Augen zu und durch. Die Münchener leisteten sich, obwohl das Scheitern absehbar war, sogar noch den Luxus, Traumwagen vom Schlage eines 503 oder 507 zu entwickeln. Doch bei aller Genialität, die etwa dem Design des 507 zu eigen war: Auch hier war in den fünfziger Jahren kein Platz für BMW, stets stand der Münchener im Schatten des Mercedes 300 SL. Ganze 253 Stück wurden vom 507 bis 1959 in Handarbeit zusammengebaut, nur 412 Exemplare vom 503. Der 501 und seine Nachfolger brachten BMW am Ende einen Verlust von 76 Millionen Mark. Das zehrte alles auf, was der Allacher Reparaturbetrieb und die Motorradproduktion an Gewinnen einfuhren.

Neue Hoffnung: Die Isetta

Während der Achtzylinder auf dem BMW-Stand des Genfer Automobilsalons von 1954 seine Premiere feierte, entdeckte BMW-Entwicklungsingenieur Eberhard Wolff auf seinem Hallenrundgang einen originellen Kleinwagen der italienischen Firma ISO. Die runde Form und die nach vorn öffnende Tür mit der wegklappenden Lenksäule weckten sein Interesse – umsomehr, als ISO-Besitzer Renzo Rivolta an einer Lizenzvergabe interessiert war: In Italien schien ihm die Fiat-Konkurrenz zu mächtig. Wolff wußte, daß die Produktion eines Kleinwagens dem BMW-Vorstand schon länger als Lösung ihrer Probleme vorschwebte. Das Wirtschaftswunderland Bundesrepublik verlangte nach fahrbaren Untersätzen; und die Kleinwagenhersteller, allen voran Goggo und Lloyd, fuhren glänzende Gewinne ein. Eigene Entwürfe waren aber stets am mangelnden finanziellen Spielraum gescheitert.

So eilte Wolff unverzüglich nach München zurück und tat kund, was er auf dem ISO-Stand gesehen hatte. Die Direktoren Donath und Fiedler – sie konnten sich angesichts der Barockengel-Misere kein elitäres Klassendenken mehr leisten – reisten ihrerseits sofort nach Genf und brachten den Vertrag mit Rivolta im Nu unter Dach und Fach. Die Italiener sollten die Fertigungsanlagen für den Rahmen und die Blechpreßwerkzeuge gleich mitliefern. Konstruktive Mängel merzte die Münchener Entwicklungsabteilung noch aus: So ersetzte man den Doppelkolben-Zweitakt-Motor von ISO durch den von der R 26 her bekannten Einzylinder-Viertakter. Am 5. April 1955 war es dann endlich soweit: Die Isetta hatte Premiere!

Das Einzylinder-Ei: Gefahr für's Image?

Die bange Frage: Würde das Ei mit seinem 13 PS Einzylinder-Motörchen die Sechs- und Acht-Zylinder-Luxuswagen gleicher Provenienz nicht endgültig aller Marktchancen berauben. Mit zwei Maßnahmen glaubten die Marketingstrategen dieses Problem in den Griff zu bekommen: Erstens wurde die Isetta von BMW nie als Auto, sondern stets als „Motocoupé“ bezeichnet. Zweitens erfolgte ihr Vertrieb ausschließlich über das Netz der BMW-Motorrad-Händler. Damit sollte der noblen Achtzylinder-Kundschaft die Gleichstellung mit den Kleinwagen-Käufern erspart bleiben. Trotzdem hatte wohl kaum ein Automobilhersteller jemals wieder eine so kuriose Modellpalette: Man offerierte – wie „Der Spiegel“ formulierte – Fahrzeuge für Tagelöhner und Generaldirektoren. Nur: Für die breite Masse dazwischen gab's nichts!

Mit ihrem Einstandspreis von 2550 Mark erschloß sich die Isetta rasch einen großen Freundeskreis. Auch die befürchtete Presseschelte blieb aus. Stattdessen wurde die Zuverlässigkeit und Robustheit gelobt, mit der sie sich wohltuend von den anderen, reichlich zusammengestrickt wirkenden Rollermobilen abhob. Aber auch sie konnte die Verluste, die durch die Großwagenfertigung entstanden, nicht auffangen. BMW nagte wirtschaftlich weiterhin am Hungertuch, es fehlte an allen Ecken und Enden.

Die Krise dauert an: Der Flop mit dem 600

Die Situation verschärfte sich, als 1957 der Isetta-Absatz stockte. Den prosperierenden Deutschen waren die Rollermobile auf einmal zu klein, zu wenig Auto. Der ab 1957 erhältliche 600er, für dessen Entwicklung BMW vom Bund einen Kredit von sieben Millionen Mark erhalten hatte, erwies sich als Flop. Dem viersitzigen Kleinwagen auf Isetta-Basis mit Zweizylinder-Boxermotor fehlte die Akzeptanz als richtiges Auto. Und das trotz seiner richtungsweisenden Technik. Als erstem BMW hatten ihm die Entwicklungsingenieure eine Schräglenker-Hinterachse spendiert. Die bescherte nicht nur dem 600er eine glänzende Straßenlage. Sie sollte sich als Konstruktionsmerkmal aller folgenden BMW-Typen – vor allem auch beim 02 – durchsetzen. Ihr Siegeszug ging sogar noch weiter: Jahre später kopierten – und darauf sind die BMW-Fahrwerksingenieure jener Zeit noch heute zu Recht stolz –

andere Fahrzeughersteller wie Daimler-Benz, Ford und Opel dieses von BMW eingeführte Bauprinzip.

Doch das alles war den potentiellen Käufern von damals ziemlich egal: Sie wollten ein „richtiges" Auto mit seitlichen Türen und Pontonform, auch in der Kleinwagenklasse. Der Blick auf die immer größer werdenden Halden unverkaufter Isetten und 600er auf dem Werkshof machte den BMW-Managern unmißverständlich klar, daß sie immer noch nicht auf dem richtigen Weg waren.

1957: Neue Führungsriege

Dazu brauchten sie eigentlich gar nicht erst aus dem Fenster zu schauen. Die Bilanzen sprachen für sich: Allein 1956 hatte der Verlust 11,3 Millionen Mark betragen, trotz des Verkaufs eines Teils des Allacher Werkes an die MAN. Die Deutsche Bank, die etwa die Hälfte aller BMW-Aktien in ihren Händen hatte, reagierte: Sie wechselte Anfang 1957 die Führungsmannschaft aus. Donath ging in den Ruhestand, Dr. Heinrich Richter-Brohm zog ins Chefbüro.

Richter-Brohm packte entschlossen das Übel an der Wurzel: Eine Marktanalyse sollte Auskunft darüber geben, wo die Marktchancen für BMW in der Zukunft liegen würden. Das Ergebnis: Mit einem Mittelklasse-BMW wollte er verlorenes Terrain zurückerobern. „Motor 1600 ccm, 80 PS in der Normalausführung. Diese verleihen dem Wagen besondere Lebhaftigkeit. Da der Motor als extremer Kurzhubmotor ausgebildet ist, kann dieser ohne weiteres auf eine höhere Leistung gesteigert werden, falls sich dafür besondere Absatzchancen eröffnen sollten", hieß es in der Expertise. Tatsächlich entstanden vielversprechende, moderne Entwürfe, über deren Marktchancen es Mitte der fünfziger Jahre kaum Zweifel geben konnte. Alexander von Falkenhausen, der inzwischen die Motorenentwicklung übernommen hatte, baute auch tatsächlich einen Motor mit 1,3 Litern Hubraum, obenliegender Nockenwelle, Leichtmetallzylinderkopf und hängenden Ventilen. 65 PS leistete das Aggregat, das in eine Prototyp-Karosserie installiert wurde, die einen Alfa Romeo-Kühlergrill trug. Auf einem anderen Blatt stand allerdings, wie dieser Mittelklasse-BMW finanziert werden sollte . . .

Privatinitiative: Wolfgang Denzel und der 700

Die Banken vertrauten den neuen Plänen nicht und BMW konnte die 35 Millionen, die eine Neuentwicklung verschlingen würde, alleine nicht aufbringen. Die Firma schien sich unaufhaltsam dem Ende zuzubewegen, Daimler-Benz stand schon als möglicher Aufkäufer schon in den Startlöchern. Als der Verkauf fast als einziger Ausweg erschien, trat plötzlich der österreichische BMW-Importeur Wolfgang Denzel auf den Plan. Denzel hatte auf eigene Faust in Zusammenarbeit mit dem italienischen Automobildesigner Michelotti aus dem 600er-Chassis ein richtiges Auto entwickelt – ein Ponton-Coupé mit zwei seitlichen Türen, dem bald eine kleine Limousine folgen sollte. Damit war Heinrich Richter-Brohms Plan möglicherweise doch noch zu realisieren: mit Hilfe des neuen Kleinwagens die finanzielle Grundlage für einen Mittelklassewagen zu schaffen. Noch während der Präsentation vor den BMW-Managern am Starnberger See fiel die Entscheidung: Diesen Wagen bauen wir, den 600er lassen wir sterben.

In letzter Minute

Der 700er, wie der neue Typ genannt wurde, kam buchstäblich in letzter Minute. Die Banken setzten BMW bereits die Pistole auf die Brust und ließen sich nur von

Flop trotz aufwendiger Technik: „Über-Isetta" BMW 600.

den begeisterten Presseurteilen und den zahlreichen Vorbestellungen für den 700er besänftigen. Allein auf der Frankfurter IAA 1959, wo BMW den 700er vorstellte, notierte die Verkaufsabteilung 15 000 Bestellungen. Die Leistung des „sportlichsten unter den Kleinen" gab die AG bei der Limousine mit 30 und beim Coupé mit 40 PS an. Straßenlage und Design, überhaupt der moderne Stil, der den 700er auszeichnete, sollten BMW endlich zu alten Tugenden zurückführen. Wegen der höheren Rendite ging im September 1959 zunächst das Coupé in Serie.

Aber noch einmal drohte Gefahr: Der neue Aufsichtsratsvorsitzende Feith war trotz der guten Vorzeichen der 700er-Einführung der festen Überzeugung, eine grundlegende Sanierung sei nur durch einen Verkauf an die

Mit dem BMW 700 ging es in München endlich wieder aufwärts.

Die Übernahme durch Herbert Quandt sicherte die BMW-Zukunft.

Daimler-Benz AG möglich, deren Hauptanteilseigner zu jener Zeit Friedrich Flick war. Auf der Hauptversammlung am 9. Dezember 1959 wollte er daher folgende Entscheidung durchdrücken: Das Grundkapital sollte auf die Hälfte reduziert werden, somit wäre die 100-Mark-Aktie nur noch 50 Mark wert gewesen. Anschließend wollte der Vorstand neue Anteilsscheine herausgeben. Deren Löwenanteil sollte allerdings Friedrich Flick erhalten, die Kleinaktionäre außen vor bleiben.

Durch eine Indiskretion flog der Plan auf. Die Schutzgemeinschaft der BMW-Aktionäre erkannte den wahren Hintergrund der Transaktion: Durch die kalte Küche sollte ein Votum für den Verkauf des Unternehmens an die Daimler-Benz AG fallen. Für das Ende des Tages hatte Friedrich Flick ein Ultimatum gesetzt: Falls bis 24 Uhr keine positive Entscheidunggefallen sei, würde er sein Angebot zurückziehen. In der Tagespresse galt als sicher: Dieser Tag ist das Ende von BMW.

Auf des Messers Schneide: BMW-Schicksal am 9. Dezember 1959

Die Versammlung selbst hätte ein Krimi-Regisseur kaum spannender inszenieren können. Die Taktik der zunächst in der Minderheit befindlichen Verkaufsgegner war, durch endlos lange Wortbeiträge (während derer ein Anteilseigner nicht unterbrochen werden durfte) die Frist des Flick-Ultimatums verstreichen zu lassen. So wurden ganze „Spiegel"-Artikel rezitiert, welche die Situation der Firma zum Thema hatten. Der seit Jahren aufgestaute Zorn der Kleinaktionäre über die jahrelange Mißwirtschaft entlud sich mit voller Wucht. Durch die Reduzierung des Grundkapitals sahen sie sich schließlich um die Hälfte ihres Besitzes betrogen.

Ein völlig überraschender Vorschlag des bis dahin unbekannten Dr. Wolfgang Mathern, seines Zeichens Anwalt der Händlervereinigung, ließ eine Lösung möglich erscheinen: Er brachte in Erfahrung, daß MAN bereit sei, 30 Millionen Mark für die noch im Besitz der BMW Triebwerksbau befindlichen, restlichen Werksanlagen in Allach zu zahlen. Außerdem überzeugte er die Klein-Aktionäre von den guten Marktchancen des Typs 700, wenn dieser nur endlich in Produktion gehen würde. Feith, der an einer Aufrechterhaltung der Selbständigkeit von BMW gar nicht interessiert schien, lehnte diesen Vorschlag brüsk ab und zog damit den Zorn der Aktionäre vollends auf sich. Stunden hitziger Debatten folgten, bis sie über Matherns Vorschlag, der eine Vertagung und damit ein Verstreichen des Ultimatums bewirken wollte, abstimmten. Doch die Kleinaktionäre befanden sich noch in der Minderheit und unterlagen knapp.

War das jetzt das Ende? Wie der „deus ex machina" (der Gott aus der Maschine) erscheint aus heutiger Sicht die Rettung von BMW: Als schon alles zu spät schien, fiel dem gewieften Juristen Mathern ein Formfehler in der Jahresbilanz des Vorstandes auf: Die Entwicklungskosten für den 700 waren voll in der 1959er Bilanz enthalten – hätten aber satzungsgemäß auf mehrere Jahre verteilt werden müssen. Für diesen Fall sah die Satzung vor, daß 10% der Stimmen eine Vertagung bewirken können. Langanhaltender Beifall schon während der Wortmeldung Matherns ließ die abschließende Abstimmung, bei der die nötigen 10 Prozent bei weitem übertroffen wurden, zu einem Triumph der Kleinaktionäre werden. Sie entschieden sich für eine Vertagung der Versammlung und damit gegen Flicks Ultimatum. Sie entschieden sich für eine – wenn auch unsichere – Zukunft von BMW. Der Vorstand zog daraus wenig später die Konsequenzen: Feith und Richter-Brohm traten zurück.

Auf des Messers Schneide hatte das Schicksal von BMW an jenem 9. Dezember 1959 gestanden. Wäre Flicks Ultimatum erfüllt worden und hätte Mathern nicht den „winzigen" Formfehler der Jahresbilanz entdeckt, gäbe es heute keine Firma BMW mehr.

Ungewisse Zukunft

Deren Zukunft schien jedoch auch nach der Aktionärsentscheidung mehr als ungewiß. Vor allem, weil niemand genau wußte, wie die Finanzierung des Mittelklassewagens und die Großserien-Produktion des 700 vor sich gehen sollten. Da bahnte sich, nur wenige Tage nach der Aktionärsversammlung, im Januar 1960 die Rettung an: Der Großindustrielle Quandt erklärte sich bereit, den Löwenanteil der BMW-Aktien zu übernehmen. Quandt war vom Mut der BMW-Kleinaktionäre beeindruckt und erkannte, daß der Markenname BMW die aktuelle Misere nahezu unbeschadet überstanden hatte – BMW müsse nur das richtige Auto zum Image liefern. Außerdem, und hier zeigt sich besonders, daß das Schicksal großer Unternehmen oft auch persönlichen Entscheidungen ausgeliefert ist, gefiel Quandt der 700er. Mit dem neuen Aufsichtsratsvorsitzenden Dr. Johannes Semler sollte ein neuer Mann das BMW-Schiff wieder auf den richtigen Kurs bringen.

Nach wie vor stand allerdings die Frage im Raum, ob wegen einer notwendigen Kapitalerhöhung ein weiterer Automobilhersteller an BMW beteiligt werden sollte. Quandt alleine war nicht imstande, die für eine Sanierung erforderlichen Mittel aufzubringen. Noch einmal brachten die Bayern Daimler-Benz ins Gespräch, diesmal als „stillen Teilhaber". Doch diesmal lehnten die Stuttgarter ab, Flick hatte die Enttäuschung über das Nein der Aktionärsversammlung vom 9. Dezember noch nicht verwunden und das Interesse an BMW verloren. Weitere Gespräche mit der American Motors Company, mit Ford, Chrysler, Rheinstahl-Hanomag, Simca, Fiat und sogar mit Borgward verliefen ebenfalls ergebnislos. Keiner der Interessenten war bereit, BMW die völlige Selbständigkeit auch im Falle einer Beteiligung zu garantieren.

Die Lösung brachte schließlich jener Vorschlag, den Dr. Wolfgang Mathern schon auf der Aktionärsversammlung ins Spiel gebracht hatte. Nach langwierigen Verhandlungen mit MAN trennte sich die BMW AG von der Hälfte des Kapitals ihrer Tochtergesellschaft, der BMW Triebwerkbau. 37 Millionen Mark befanden sich jetzt auf einmal in den vormals leeren Kassen.

Zwischenzeitlich war – unmittelbar nach Quandts Einstieg – die Produktion der 700-Limousine endlich angelaufen. Sie war der eigentliche Retter der BMW AG, denn ihr Verkaufserfolg gab den Beteiligten erst die Zuversicht, daß es sich lohnen würde, weiterzumachen. Womit? Mit der nun endlich ermöglichten Entwicklung des lange ersehnten Mittelklassewagens.

Die Väter der Neuen Klasse (v. l. n. r.): Wilhelm Hofmeister, Fritz Fiedler, Eberhard Wolff und Alex von Falkenhausen.

Neuer Anfang: Der Mittelklassewagen entsteht

Schon unter dem ehemaligen Chef Richter-Brohm hatte es ja den Versuch der Entwicklung eines Mittelklassewagens gegeben. Doch der Prototyp mit dem Alfa-Grill erschien nun technisch veraltet: Mit seiner blattgefederten Starrachse hätte er nicht nur gegen den vermeintlichen Hauptkonkurrenten Borgward Isabella sondern sogar gegen den mit Schräglenker-Achse bestückten 700 aus eigenem Hause alt ausgesehen.

Ein ganz neues Auto sollte es also werden. Noch bevor die endgültige Karosserieform gefunden war, legte Quandt eigenhändig fest, daß traditionsgemäß im Kühlergrill des Neuen die BMW-Niere erscheinen sollte.

Mit High-Tech zum Erfolg

Die Schräglenker-Hinterachse aus dem 700 stand als erstes Konstruktionsmerkmal fest. Ihrer Weiterentwicklung galt besondere Aufmerksamkeit. Sturz und Vorspur sollten auch bei Kurvenfahrten so konstant wie möglich bleiben: Die Schrägstellung der Dreieckslenker um 20 Grad ergab eine Raderhebungskurve, die dies weitestgehend gewährleistete. Die erstmalige Kombination der Schräglenker-Hinterachse mit einer Federbein-Vorderradaufhängung sollte zudem eine ideale Abstimmung von Vorder- und Hinterradaufhängung ermöglichen. Und schließlich verzichtete man – 1960 keinesfalls selbstverständlich – ganz auf Schmiernippel.

Scheibenbremsen, ebenfalls 1960 im Serienbau noch selten anzutreffen, waren für eine wirkungsvolle Verzögerung, eine Porsche-Schaltsynchronisierung für weiche Gangwechsel mit der sportlichen Mittelschaltung geplant.

Als Herz eines jeden Autos aber gilt der Motor. Folgende Daten charakterisierten die Entwicklung von Motorenentwickler Alex von Falkenhausen als High-Tech-Triebwerk:

- 1300 ccm Hubraum-Motorblock und Zylinderkopf komplett aus Leichtmetall
- fünffach gelagerte Kurbelwelle (Vierschicht-Gleitlager)
- obenliegende, durch Kette angetriebene Nockenwelle
- Querstromzylinderkopf mit V-förmig hängenden Ventilen
- steifer, dank kurzer gerader Kipphebel enorm drehzahlfester Ventiltrieb
- Brennraum als Wirbelkammer ausgebildet.

Die neuartige Brennraumgestaltung verbesserte die Gemischverwirbelung und damit die Leistungsausbeute. 65 PS visierten die Entwickler zunächst als Höchstleistung an.

Die Zeit drängt . . .

Wohl selten ist ein neues Automobil unter einem solchen Zeitdruck konstruiert worden wie der BMW 1500. Seine technischen Väter, Wilhelm Hoffmeister (Design), Fritz Fiedler (Entwicklungschef), Eberhard Wolff (Versuchsleiter) und der geniale Motorenkonstrukteur Alexander von Falkenhausen, der schon vor dem Krieg so legendäre BMW-Motoren wie den des 328 mitentwickelt hatte, vollbrachten in weniger als zwei Jahren, was üblicherweise die dreifache Zeit in Anspruch nimmt. Schon auf der Internationalen Automobil Ausstellung 1961 in Frankfurt gab der 1500 sein Debüt. Von einer Serienreife war er freilich noch weit entfernt. So hatte das Ausstellungsstück noch den Aluminium-Motorblock. Weil aber kurz vor der Eröffnung der Messe intern die Entscheidung für einen Grauguß-Block gefallen war, mußte man in der Nacht zuvor den Alu-Block noch schnell mit schwarzer Farbe anpinseln.

Die bange Frage war, wie das deutsche Publikum den kompakten Wagen annehmen würde. Fachleute bezweifelten, daß die Kunden die aufwendige Konstruktion mit einem Mehrpreis honorieren würden. Zu lange hatten auf dem bundesdeutschen Automobilmarkt die Wagenlänge und der Kaufpreis nach dem Motto mehr Blech, mehr Geld in einem direkten Zusammenhang gestanden.

Aber schon in den ersten Stunden nach Ausstellungsbeginn konnte diese Frage beantwortet werden: Der 1500 avancierte sofort zum unumstrittenen Star der IAA.

IAA 1961: Glänzender Einstand

Das neue Modell war endlich wieder ein BMW, wie ihn sich das Publikum wünschte. 2000 Vorbestellungen liefen während der Messe ein, obwohl noch niemand den Wagen gefahren hatte. Sicher kam ihm dabei zugute, daß wenige Wochen zuvor die Pleite des Borgward-Konzerns die bundesdeutsche Öffentlichkeit geschockt hatte. In der Mittelklasse fehlte nach dem Produktionsstopp der Isabella auf einmal ein Modell, das Rasse und Dynamik verkörperte und nicht jene Betulichkeit, die Opels Rekord und Fords 17 M anhaftete. So wie den 1500 hatten sich viele Borgward-Kunden eine neue Isabella vorgestellt. Kein Wunder, daß gerade sie später scharenweise zu den Bayern überliefen, zumal die Eckdaten des 1500 erstaunliche Parallelen zur Isabella TS aufwiesen: Beide Fahrzeuge waren mit einem 75 PS leistenden 1500 ccm-Motor ausgerüstet.

Für Männer mit Hut: Karosserie-Entwicklung des 1500.

Sind 20 Autos eine Serie?

Das nächste Problem stand aber bereits sechs Monate nach der IAA an: Der Verband der deutschen Automobilindustrie (VDA), hatte als Veranstalter der Frankfurter Ausstellung festgelegt, daß jedes auf der IAA als neues Serienfahrzeug präsentierte Modell innerhalb von sechs Monaten in Produktion gehen müsse. Andernfalls sei eine Konventionalstrafe zu zahlen. Also meldete sich der Prüfer des VDA im März 1962 bei BMW-Oberingenieur Gieschen. Natürlich war der 1500 noch nicht in Produktion, eine Konventionalstrafe aber hätte BMW empfindlich getroffen. Kurzerhand ließ Gieschen ein Band von 700er-Coupés räumen und stellte zwanzig handgefertigte 1500 der Vorserie darauf, an denen „gearbeitet" werden sollte. Der Prüfer kam . . .

„Sie wollen doch nicht behaupten, daß das 'ne Serie ist", lachte er laut BMW-Historiker Horst Mönnich. „Durchaus", behauptete Gieschen. „Wie groß ist denn die Serie bei Porsche?" (Die Lose dort lagen immer zwischen höchstens zwanzig bis fünfzig Stück.)„Sind Sie Porsche?" fragte der Prüfer.„Nein", sagte Gieschen, „BMW. Und deshalb sehen bei uns die Preßteile auch nicht wie Preßteile aus."

Der Konventionalstrafe konnte man gerade noch entgehen, der VDA-Prüfer akzeptierte letztlich, wenn auch mit mehreren zugedrückten Augen, die 20 handgefertigten BMWs als Serienanlauf.

Endlich – und viel zu früh: Der 1500 geht in Serie

Den Erwartungen der Fachpresse zum Trotz, die den Serienanlauf des Neulings erst für 1963 prophezeite, lief der erste BMW 1500 dann tatsächlich schon am 25. August 1962 vom Band – nach Meinung der Insider immer noch viel zu früh. War auf der IAA noch von einem Einstandspreis von 8500 Mark die Rede gewesen, mußten Interessenten dem BMW-Händler jetzt 9485 Mark für einen neuen 1500er auf den Tisch legen. Ganz schön viel für ein Auto der 1,5-Liter Klasse. Die Konkurrenzmodelle von Opel oder Ford waren bis zu 2000 Mark billiger. Doch den BMW-Fans war der Neue den Mehrpreis wert. Für Sportlichkeit, Exklusivität und das Gefühl, ein Fahrzeug zu fahren, das technisch auf der Höhe seiner Zeit steht, waren sie auch schon Anfang der sechziger Jahre gerne bereit, etwas mehr auszugeben.

Gegenüber dem IAA-Modell hatte sich einiges geändert: Der Motorblock war nun tatsächlich aus Grauguß, die Leistung von 75 auf 80 PS gestiegen. Die vom 700 her bekannten Giubo-Gelenke der Antriebswellen waren Kreuzgelenken gewichen, die Befestigung der Hinterachse an der Karosserie hatte ebenfalls einige Änderungen erfahren. Außerdem stand die Limousine nun nicht mehr auf 13-Zoll-Rädern wie das Ausstellungsstück, sondern auf 14-Zoll-Rädern.

Noch einmal ein Rückschlag: Reklamationslawine

Die zahlreichen Änderungen in letzter Minute trugen BMW den Vorwurf ein, im Grunde ein unausgereiftes Auto auf den Markt zu bringen. Das konnten die ersten Käufer aus leidvollen Erfahrungen tatsächlich bestätigen: Der 1500 brachte BMW eine gewaltige Reklamationslawine. Im „Automobilreport" von auto, motor und sport waren BMW 1500-Fahrer nach ihren Erfahrungen während der ersten 18 Monate befragt worden. Das Ergebnis war niederschmetternd: 66 Prozent aller Fahrzeuge hatten außerplanmäßig die Werkstatt aufsuchen müssen, 12 von Hundert waren mindestens einmal liegengeblieben und

23 Prozent der Fahrzeuge hatten – laut Auskunft der Werkstätten – nicht mehr zu behebende Mängel. Bei 67 Prozent aller Fahrzeuge waren bei den periodischen Wartungsdiensten zusätzliche Arbeiten notwendig. Damit war der BMW der unzuverlässigste aller bis dahin untersuchten Wagen. 25 Prozent aller Fahrzeuge hatten während der ersten 18 Monate einen Differentialschaden, 24 von Hundert einen Getriebeschaden, Schäden am Motor beklagten immerhin 20 Prozent. Reparaturen an der Auspuffanlage waren bei 67 Prozent aller 1500er fällig gewesen. 42 von Hundert Befragten klagten über gelegentliche Klappergeräusche, mehr als die Hälfte der Leser über mangelhaften Lack.

Paul G. Hahnemann, BMW-Verkaufschef, regaierte sofort auf die zahlreichen Kulanzanträge, die ab 1963 in der Poststelle des BMW-Kundendienstes eingingen: Seine Direktive lautete, ausgesprochen großzügig damit zu verfahren. Außerdem setzte er eine Qualitätskommission ein, die die Fertigungsmängel beseitigen sollte. Denn hier lag die Wurzel des Übels: Nicht Konstruktions-, sondern Produktionsmängel attestierten auch die „ams"-Redakteure dem 1500. Das Grundkonzept galt als gut, schon im Januar 1963 beendete Reinhard Seiffert seinen BMW 1500 Test mit dem Satz: „Im ganzen ist der Wagen so gut gelungen, daß man an ihm nichts zu ändern braucht." Dafür sprach auch, daß er sich in Vergleichstests auf Anhieb gegen so starke Konkurrenz wie Alfa Romeo Giulia, Peugeot 404 oder Ford 17 M durchsetzen konnte.

„Auto-Oscar" für den 1500

Daß die Öffentlichkeit dem 1500 wohlgesonnen gegenüberstand, zeigte sich auch im August 1963: Erstmals befragte die Zeitschrift „hobby" ihre Leser anläßlich der Verleihung des „Auto-Oscars" nach dem schönsten Auto. Das Ergebnis ließ im Milbertshofener Werk die Gesichter strahlen: In der Klasse 1300 bis 1500 ccm siegte der BMW 1500. 1964, 1965 und 1966 konnte der 1800 diesen Erfolg wiederholen.

Das Konzept mit dem BMW-Mittelklassewagen war also aufgegangen – jetzt sollte eine ganze Familie daraus werden. Ein Kritikpunkt am 1500 war von Anfang an die mangelnde Elastizität gewesen. Schon nach den Werksferien 1963 schaffte BMW Abhilfe: Auf dem IAA-Stand war der 1800 mit 90 PS sowie der 1800 TI mit 110 PS zu sehen. Die 90 PS-Version ließ jetzt dank des höheren Drehmoments ein wesentlich schaltfauleres Fahren zu. Dabei verbesserten sich die Fahrleistungen deutlich. Mit 163 km/h Höchstgeschwindigkeit übertraf der 1800 die des 1500 um 12 km/h. Und mit dem in 10,5 sec. auf 100 km/h beschleunigenden und über 170 km/h schnellen 1800 TI, dem „Sportwagen mit vier Türen", hatte BMW endgültig wieder eine vollständige Harmonie von Verbrauchervorstellungen und Produkt geschaffen. Die im neuen „Automobil-Report" attestierte erheblich verbesserte Zuverlässigkeit rundete das Bild ab. Von nun an ging es steil bergauf.

Sportwagen mit vier Türen: Der 1800 TI bot überragende Fahrleistungen und begründete das sportliche BMW-Image.

Erste Version des Erfolgs-Typs: Mit dem 1600-2 verband BMW konsequent kompakte Außenmaße mit hoher Motorleistung.

Der kleine BMW:
Aufsteigemöglichkeit für 700er-Fahrer

Zahlreiche Gerüchte schwirrten Anfang der sechziger Jahre durch die Autobranche. Der Inhalt: BMW würde den Fahrzeugen der „Neuen Klasse" einen vierzylindrigen Nachfolger des 700 zur Seite stellen. Schließlich war der kleine Zweizylinder einige Jahre lang die „Seele des Geschäfts" gewesen, seine Sporterfolge (Hans Stuck gewann auf BMW 700 RS 1960 die Deutsche Bergmeisterschaft) hatten bereits legendären Ruf. Und: Er erfreute sich auch einer besonders treuen Anhängerschaft.

Tatsächlich war das Thema „Kompaktwagen" 1963, als die Neue Klasse sich gerade zu etablieren begann, in der Vorstandsetage der BMW AG Gegenstand heißer Diskussionen. Markentreue 700er-Kunden, die zwar beim nächsten Neuwagenkauf eine automobile Klasse höher steigen wollten, denen aber der Sprung zum 9500 Mark teuren BMW 1500 doch zu groß war, sollten mit einem 1,2 bis 1,4 Liter-Wagen bei der Stange gehalten werden. Doch der Psychologe Prof. Berndt Spiegel, der bei der Neupositionierung des BMW-Images schon eine wichtige Rolle gespielt hatte, warnte. Obwohl für BMW ein wichtiger Verkaufserfolg, sei der 700 nie ein Imageträger gewesen. Ein neuer BMW müsse, um den Erfolg der Neuen Klasse zu konsolidieren, auf Anhieb Verwandtschaft mit der Modellfamilie 1500/1800 erkennen lassen.

Von diesen internen Überlegungen erfuhr die Öffentlichkeit natürlich nichts. Und so ist es auch kein Wunder, daß die ersten Erlkönig-Bilder des neuen, zweitürigen BMWs, der später als 1600-2 erschien, im November 1964 in „mot" und „auto, motor und sport" als Bilder eines „erwachsenen" 700 gedeutet wurden. Der Prototyp, den die Fotografen am Großglockner vors Objektiv bekamen,

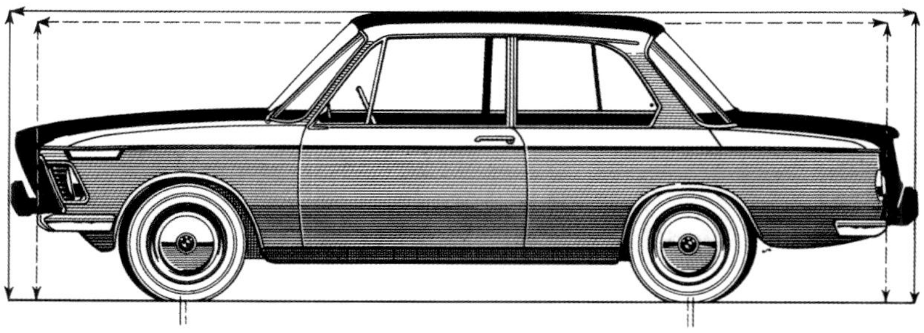

Der neue BMW 1600 — 2 türig im Vergleich zu dem BMW 1600 — 4 türig.

	BMW 1600 — 2	1600 — 4	
Radstand	2500	2550	mm
Länge	4230	4500	mm
Breite			
außen	1590	1710	mm
innen in Schulterhöhe			
vorn	1300	1340	mm
hinten	1270	1330	mm
Höhe			
unbeladen	1410	1450	mm
belastet	1370	1420	mm
Motorleistung	85	83	PS
Drehmoment	12,6	12,6	mkp
Leergewicht (getankt)	940	1050	kg
Zuladung	380	400	kg
Kofferraum ca.	450	600	Liter
Tankinhalt	46	55	Liter
Höchstgeschwindigkeit	160	150	km/h
Beschleunigung			
von 0 auf 100 km/h	13,3	15,9	Sec.
Normverbrauch	9,9	10,5	L/100 km

Größenunterschied: Viertüriger 1600 und 1600-2.

wurde von der Größe her auf 1200 bis 1300 ccm geschätzt. Unverkennbare Design-Anleihen an die „Neue Klasse" ließen seine BMW-Herkunft schnell erahnen, trotz – oder gerade wegen – der Aufschrift: „Karosserie Michelotti" am Heck. Schließlich hatte der italienische Blechschneider schon bei der Karosserie-Entwicklung des 700 Schützenhilfe geleistet. Dem stark nach innen gezogenen Heck, in ähnlicher Form später beim 2000 CS, gaben die Journalisten allerdings schon damals wenig Aussicht, in die Serienfertigung übernommen zu werden.

Ansonsten kam das abgebildete Versuchsmodell der Serienausführung schon ziemlich nahe. Bei den früheren Prototypen, die auf Basis des 1800 entstanden waren, fanden sich außer der Heckpartie, noch deutlichere Ähnlichkeiten mit dem späteren 2000 CS. Denn auch die rechteckigen Leuchteneinheiten, die CS-typischen „Schlitzaugen", waren ursprünglich für den kleinen BMW geplant. Daß es dann letztlich anders kam, hat folgenden Grund: So gewollt die Design-Verwandtschaft zum 1800 war, so groß war die Gefahr, mit einer allzu deutlichen Verwandtschaft zum Coupé den teuren 2+2 Sitzer seiner Exklusivität zu berauben.

In Portugal ging Reportern der „BILD"-Zeitung im Januar 1966 dann erstmals ein ungetarnter Vorserienwagen ins Netz. Mittlerweile war auch einiges über die technischen Daten des Neulings durchgesickert: Der Nachfolger des 1600 – der zwischenzeitlich den 1500 abgelöst hatte – sollte den bekannten 1,6 Liter Motor erhalten. Die Leistung des als harmonischste Antriebsquelle geltenden Aggregats hatten die Motorenentwickler für die zweitürige Version allerdings unter Verwendung der größeren Ventile des 1800 von 83 auf 85 PS aufgestockt. Obwohl der Zweitürer erheblich kürzer als der Viertürer war, mutmaßten die BILD-Reporter, daß in ihm das gleiche Fahrwerk zum Einsatz kommen würde. Den Preis schätzte die Presse auf 8500 Mark, stärkere Versionen seien nicht zu erwarten.

Mit 105 PS aus 1,6 Litern setzte der 1600 TI neue Maßstäbe.

Zwei Türen, 85 PS, DM 8500,–: Wer soll den kaufen?

Solche Preise erregten den Unmut in der BMW-Händlerschaft, denn ursprünglich war noch von 7200 Mark die

Vorderradaufhängung – BMW 1600 TI

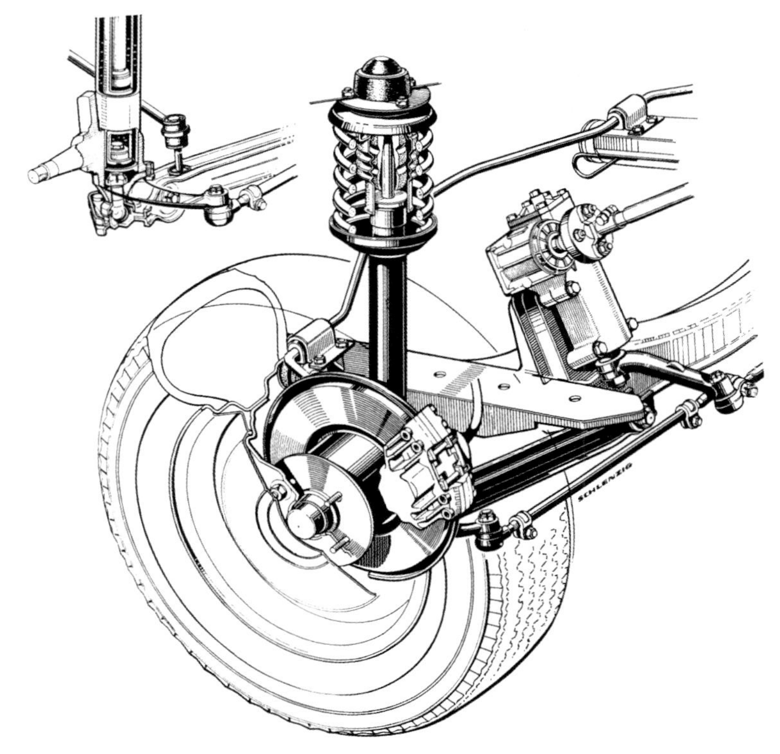

Das Fahrwerk war der Leistung des 1600 TI voll gewachsen.

Sachlichkeit statt üppigem Plüsch: 1600-2-Innenraum von 1966.

Rede gewesen. Sie hatten ein Modell erwartet, das sie ihren treuen 700er-Kunden als nächstes Auto hätten verkaufen können. Wie aber sollte man einen Zweitürer für 8500 Mark verkaufen, wenn der um einiges größere Viertürer aus gleichem Haus mit dem gleichen Motor nur 1000 Mark teurer war? Nach dem überragenden Start der Neuen Klasse wähnten viele kampferprobte Händler BMW jetzt schon wieder auf dem falschen Marketing-Gleis . . .

Auch Paul G. Hahnemann erntete ungläubiges Staunen, als er auf einer Aufsichtsratssitzung den Preis des Neulings bekannt gab. Ein so kleines Auto für so viel Geld – Mitte der Sechziger Jahre konnte kaum jemand glauben, daß das gut gehen könne. Hahnemann, der fest vom Erfolg seiner Marketing-Ideen überzeugt war, sann daraufhin in der Planungskommission über eine mögliche Kombi-Version nach, die man ja bei einem Mißerfolg zusätzlich bringen könne . . .

Aber erst einmal mußte das neueste Münchner Kindl vorgestellt werden. Eine ausgesuchte Gesellschaft geladener Gäste, von Ministerpräsident Alfons Goppel bis zu Münchens Oberbürgermeister Hans-Jochen Vogel, feierte mit den BMW-Oberen am 7. April 1966 in der Münchener Staatsoper das 50-jährige Jubiläum der weiß-blauen Marke. Ihr war es vorbehalten, die ersten Blicke auf den neuen Zweitürer zu werfen. Die gespannte Öffentlichkeit mußte noch bis zum März 1966 warten: Auf dem Genfer Automobil-Salon feierte der neue 1600-2 (2 für Zweitürer) seine offizielle Premiere.

Tatsächlich basierte das Fahrgestell auf dem des größeren Modells, lediglich den Radstand hatten die BMW-Leute um 5 cm gekürzt. Die Karosserie war immerhin 23 cm kürzer und 110 kg leichter. Das ließ Fahrleistungen erwarten, die deutlich über denen der viertürigen Limousine lagen. Radaufhängungen, Lenkung, Bremsen, Getriebe und Kraftübertragung waren von der ‚Neuen Klasse' her bekannt.

Die Nische

Was aber hatten die Bayerischen Motoren Werke mit dem neuen Typ eigentlich vor? Schließlich gab es aus deutscher Produktion kaum ein vergleichbares Auto: zweitürig und mit kompakten Außenabmessungen, dabei aber 85 PS stark und – jetzt stand der Preis fest – 8650 Mark teuer. Die Befürchtungen der Händler schienen da durchaus berechtigt . . .

Tatsächlich waren es bei der Einführung des 1600-2 ausschließlich Marketing-Gesichtspunkte gewesen, die den Ausschlag zu seiner Produktgestaltung gegeben hatten. Paul G. Hahnemann: „Die zweitürigen Wagen sind nicht mehr nur ein ‚glücklicher Wurf', wie es der erste BMW der ‚Neuen Klasse' gewesen sein könnte, sondern sie sind von vornherein für eine bestimmte Käuferschicht mit einer bestimmten Preisvorstellung gedacht und dementsprechend maßgerecht konstruiert worden." Hahnemann sprach auch von der „Limousine mit Coupé-Charakter".

Bereits auf der BMW-Jubiläumsveranstaltung hatte Generaldirektor Gerhard Wilcke die Marschrichtung festgelegt: Der 1600-2 sollte das sportliche Image von BMW noch stärker als bisher unterstreichen. Deutlicher als bei der Viertürer-Serie sollte ein BMW-typisches Verständnis vom Automobil dokumentiert werden. Der Neuling sollte ein Fahrzeug für Leute werden, denen Gediegenheit und hochkarätige Technik wichtig waren, dies aber nicht unbedingt in den ausladenden Maßen eines Mercedes 200. Leute, denen es nicht auf Repräsentation ankam, sondern die Freude an einem kompakten, aktiven und dynamischen Fahrzeug haben wollten, ohne dabei technische oder qualitative Zugeständnisse zu machen. „Aus Freude am Fahren" sollte denn auch der Werbespruch heißen, der bis heute Gültigkeit hat.

Ja zum Auto

Dieses neue Konzept kam auch in kleinen, scheinbar unwichtigen Details zum Ausdruck: Die rahmenlosen Seitenfenster beispielsweise waren bislang hochkarätigen Sportwagen und exklusiven Coupés vorbehalten gewesen. Eine technische oder funktionale Notwendigkeit gab es dafür nicht. Aber sie verriet eben jene Liebe zum Detail, die vielen anderen Autos jener Zeit fehlte. Und über Motoren oder Fahrwerke hinaus waren es solche Kleinigkeiten, mit denen die Münchener den 1600-2 wohltuend von der automobilen Hausmannskost abzuheben wußten und zur „rollenden Litfaßsäule“ für das Firmen-Image machten.

Insgesamt also ein mutiges Bekenntnis zum Auto in einer Zeit, in der die deutsche Automobilindustrie bereits mit den Vorboten des Rezessionsjahres 1967 zu kämpfen hatte! Die Zeitschrift „hobby“ textete denn auch in Anlehnung an das Firmenjubiläum in der Überschrift ihrer 1600-2-Präsentation: „Mit 50 hat man noch Träume.“

Potentielle Konkurrenten des neuen BMW 1600-2 waren die Giulia-Modelle von Alfa Romeo, der Fiat 1500 oder der Glas 1700. Während aber Glas und Fiat „Autos ohne Image“ waren, übertraf die Giulia 1300 TI den 1600-2 deutlich im Preis. „Nischen-Paule“ Hahnemann war es offenbar wirklich gelungen, ein Auto zu bauen, für das es keinen direkten Konkurrenten gab. Nur: Würde BMW in dieser Marktnische auch genug Käufer finden?

Der 1600 GT konnte sich gegen die Coupé-Konkurrenz nicht durchsetzen.

Auch ein effektiver Luftdurchsatz war Konstruktionsziel.

Karosseriefertigung im Münchner BMW-Werk. ▶

Motor, Getriebe, Fahrwerk: Freude am Fahren

Die „Freude am Fahren“ bewirkte in erster Linie der Motor. Das 1,6 Liter-Aggregat mit den vergrößerten Einlaßventilen des 1800 erfüllte erwartungsgemäß die sportlichen Ansprüche: 165 km/h Höchstgeschwindigkeit zeigte die Lichtschranken-Meßanlage. Im Spurt von 0 auf 100 km/h blieb die Stoppuhr der Tester von „auto, motor und sport“ bei 12,3 Sekunden stehen. Da konnte selbst die schärfste Konkurrentin, die Giulia 1300 TI nicht mithalten: 14,0 Sekunden benötigte die Italienerin.

Aber nicht nur der Motor war den BMW-Ingenieuren besonders gut gelungen: Gelobt wurde vor allem, daß der 1600-2 noch mehr als der 1600/1800 auf den Fahrer zugeschnitten sei. Einmütig gefielen allen Zeitschriften die Sitzposition, die Leichtgängigkeit und Direktheit der Lenkung, die gute Sicht, das neutrale Kurvenverhalten, die gute Bodenhaftung der Räder und das leichte Ansprechen des Motors auf Gaspedalbewegungen. Der 1600-2 zeigte, daß die Summe all dieser positiven Eigenschaften noch eher als einzelne hervorstechende Merkmale ein gutes Auto ausmachen. Bei aller Sportlichkeit war er dabei keineswegs laut oder unkomfortabel sondern so etwas wie ein Sportwagen im Sonntagsanzug!

Dieser Meinung war auch Dr. Paul Simsa, der den 1600-2 für „mot“ unter die Lupe nahm: „Der BMW 1600-2 vereinigt Solidität mit Finesse, Fahrkultur mit Sportlichkeit wie kein anderer Typ der Preis- und Leistungsklasse. Beschleunigung und Spitze entsprechen dem 1800. Das Plus an Handlichkeit und Harmonie, ergänzt durch die besonders glückliche Anlage von Bedienungsorganen und Armaturen, macht den 1600-2 fahrerisch reizvoller. Im Innenraum ist der BMW 1600-2 allerdings ganz auf bequeme Unterbringung für Fahrer und Beifahrer auf den Vordersitzen angelegt. Der Rücksitzraum entspricht nur einem Wagen der unteren Mittelklasse, die Rücksitzbank ist zwar lobenswert großflächig, kostet aber Knieraum. Wenn ein langbeiniger Fahrer den Vordersitz weit zurückstellen muß, ist der BMW 1600-2 nur ein Dreisitzer. Der BMW 1800 ist als Reiselimousine der bessere Kauf, der BMW 1600-2 hat gegenüber dem 1800 mehr den Reiz des kleinen Kraftpakets.“

Mitten in der Krise: Vom Außenseiter zum Bestseller

Was kaum einer für möglich gehalten hätte: Das „kleine Kraftpaket“ kam sofort gut an. Im ersten Jahr liefen schon 13.463 Exemplare vom Band, fast so viele wie vom 1800. Den viertürigen 1600 hatte BMW schon Mitte 1966 aus dem Programm gestrichen.

Während die deutsche Automobilindustrie mit der schlimmsten Krise seit Kriegsende kämpfte, kamen die Bayerischen Motoren Werke immer besser in Fahrt: In den ersten vier Monaten des Jahres 1967 war der BMW-Umsatz um 100 Millionen Mark gegenüber dem des Vorjahres gestiegen. Die Zulassungszahlen lagen um 34 Prozent höher. Und wesentlichen Anteil hatte daran schon jetzt der 1600-2.

Auch im Ausland war man aufmerksam auf den Neuen geworden. Im US-Magazin „Car and Driver“ stand im Februar 1967 zu lesen: „Der BMW 1600 ist die beste kleine Limousine, die wir jemals gefahren sind. Er ist stark wie ein Ochse und unglaublich gut gebaut. Wenn man das

424
18

17

Gaspedal durchtritt, jagt er los wie ein gebissener Hund. Fährt man in eine Kurve – jede Kurve -, so rollt er wie auf Schienen hindurch (falls man nicht völlig den Verstand verloren hat). Und stellt man den Fuß aufs Bremspedal, hört jegliche Vorwärtsbewegung sofort auf."

Bewährungsprobe für den Neuling: „hobby"-Super-Test

Einen äußerst harten Test hatte der 1600-2 im Sommer 1966 zu bestehen. „hobby"-Redakteure hetzten den weiß-blauen Neuling zusammen mit seinem vermeintlich härtesten deutschen Konkurrenten, dem Audi – dem ersten Viertakter der Auto Union -, von Stuttgart in Richtung Sardinien, um auf der gebirgigen Insel in sieben Tagen und etlichen tausend Kilometern das Letzte aus Fahrwerk und Motoren herauszuholen. Anschließend ging es nach Monza, wo die beiden Stars der „Neuen Deutschen Mittelklasse" nochmals ihre Fahrwerksqualitäten unter Beweis stellen mußten. Ergebnis: Klare Motorüberlegenheit des BMW, der sich allerdings in den Fahrwerksdisziplinen nicht so deutlich wie erwartet vom Audi abheben konnte. Der fehlende Querstabilisator – nur gegen Aufpreis erhältlich – bewirkte eine hohe Seitenneigung und damit eine Entlastung des kurveninneren Rades, das entsprechend schnell durchdrehte. Dabei ging viel Bodenhaftung verloren. Und daß der 1600-2 serienmäßig auf Diagonalreifen daherkam, mußte den Konstrukteuren seines ausgeklügelten Fahrwerks das Herz bluten lassen . . .

Überlegen zeigte sich die Lenkung des 1600-2: Der Frontantriebs-Audi hatte konzeptionsbedingt mit Antriebseinflüssen in der Lenkung zu kämpfen, was schnelle Richtungswechsel zur Schwerstarbeit machte. Spielerisch leicht dagegen die Steuereinheit des BMW.

Am Ende des über 10 000 Kilometer dauernden Tests mußten beide Autos beweisen, daß ihre Motoren der Schwerstarbeit gewachsen waren. Die Motordemontage zeigte beim BMW keinerlei Verschleißspuren und – im Gegensatz zum Audi – auch keinerlei Rückstandsspuren. Die DEKRA-Ingenieure attestierten dem BMW die Zustandsnote „sehr gut", wie auch der Test insgesamt dem BMW „Spitzenklasse" bescheinigte.

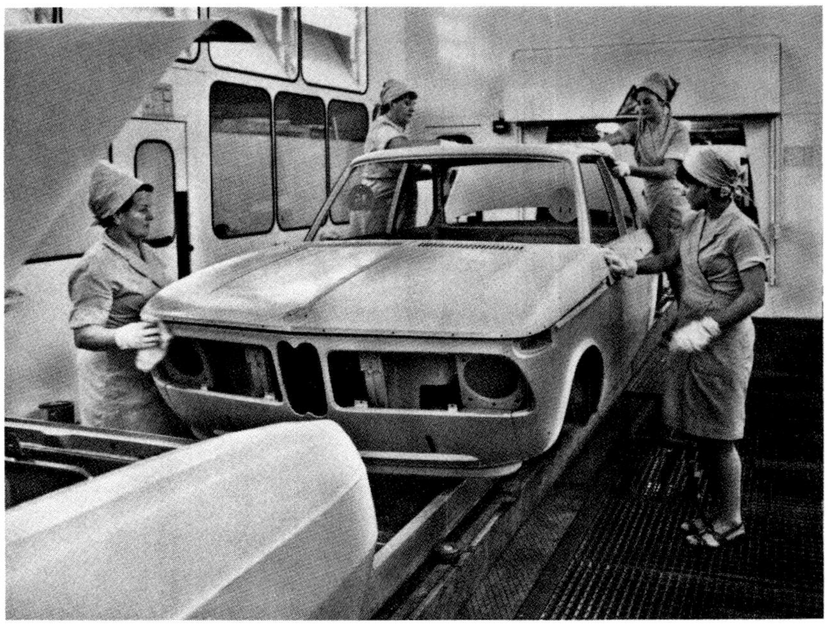

Handarbeit: Der 02-Erfolg schuf zahlreiche neue Arbeitsplätze.

Mit Chromeinfassung und Zweispeichen-Lenkrad: 1600-2-Cockpit.

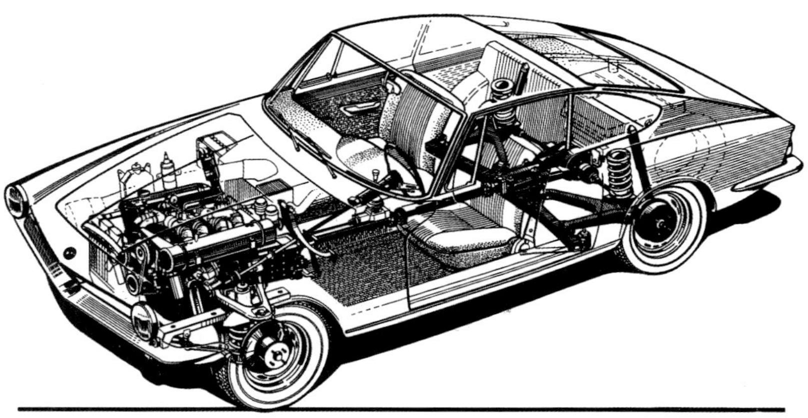

Glas-Erbe mit BMW-Technik: Der 1600 GT.

Mehr Power für den Sport: Der 1600 TI

Ein hohes Maß an Sportlichkeit war schon dem 1600 überall attestiert worden. Trotzdem: Dem hervorragenden Fahrwerk hätten die Tester ohne weiteres aber auch einen noch stärkeren Motor zugetraut. Umso größer war dann unter Sportfahrern die Freude, als BMW auf der Frankfurter IAA 1967 die TI-Version des 1600-2 vorstellte. Zumal der BMW-Entwicklungs-Vorstand Bernhard Osswald bei der Präsentation des 1600-2 noch gesagt hatte: „Eine Sport-Version wird es nur über meine Leiche geben." Osswald aber erfreute sich nach wie vor bester Gesundheit.

Zwei Solex-Doppelvergaser und eine von 8,6 auf 9,5 erhöhte Verdichtung peppten das ansonsten unveränderte Aggregat auf 105 PS und sollten den Leistungshunger der potentiellen Interessenten stillen. Für 9950 Mark boten die Bayerischen Motoren Werke den erstarkten

Traum für Offenfahrer: 1600 Cabriolet von 1967.

1600er an. Serienmäßige Gürtelreifen, ein Bremskraftverstärker sowie ein Drehzahlmesser rundeten die Ausstattung ab. Zusätzliche Stabilisatoren sowie eine entsprechende Abstimmung von Federn und Dämpfern betonten noch stärker als bisher die sportliche Fahrwerksauslegung. Von außen gab sich der 1600 TI durch seinen schwarz eingefärbten Kühlergrill zu erkennen.

Die gleichzeitige Produktionseinstellung des 1800 TI mit 110 PS signalisierte, daß BMW jetzt verstärkt auf sportliche Lorbeeren mit der kleinen Karosserie aus war. Bisher hatte der 1800 TI-SA zahlreiche Triumphe im Tourenwagensport errungen – unter anderem 3x den Sieg im 24 Stunden-Rennen von Spa. Die Tatsache aber, daß der 1600 TI sein Benzin-Luft-Gemisch durch zwei Doppelvergaser ansaugte, ermöglichte jetzt auch einen Einsatz „frisierter" Zweitürer vom Kaliber eines BMW-Alpina 1600 in der Klasse der Tourenwagen. Dessen Wettbewerbsversion leistete 150 PS. Bisher konnte sie jedoch nur bei den seltenen Rennen der Spezialtourenwagen eingesetzt werden, weil Doppelvergaser für die kleinen BMWs nicht homologiert waren. 1000 Stück mußte BMW vom 1600 TI auf die Räder stellen, um in der Klasse bis 1600 ccm künftig ein ganz heißes Eisen im Feuer zu haben. Eine leichte Übung, wie sich herausstellen sollte.

Begeisterung bei der Fachpresse

Gespannt warteten die Fans nach der IAA auf die ersten Testberichte des 1600 TI. Die Journalisten waren von der neuesten Kreation der Münchener begeistert. Schon die Fahrleistungen hatten es in sich: 175 km/h Höchstgeschwindigkeit ermittelten die „auto, motor und sport"-Tester, den Spurt von 0 auf 100 km/h absolvierte der 1600 TI in 10,4 Sekunden. Damit unterbot er sogar die Beschleunigungszeiten des 2000 TI.

Aber nicht die Meßwerte alleine waren es, die das Besondere dieses Automobils ausmachten. Wieder war es die Art und Weise, in der sich die Leistung der „Limousine mit den Qualitäten eines Sportwagens" auf der Straße in dynamisches Fahren umsetzen ließ. Auch der 1600 TI bestach durch seine Laufruhe und Elastizität. Die Lenkpräzision sowie die ausgewogene Fahrwerksabstimmung waren ja schon vom 1600 her bekannt – und wurden noch verbessert. Kein Wunder, daß David E. Davis jr., von der amerikanischen Zeitschrift „Car and Driver", behauptete: „Der BMW 1600 TI dürfte die tollste Sache sein, die nach Marlene Dietrich aus Deutschland gekommen ist." Leider freute sich Davis etwas zu früh, der 1600 TI fiel

Hinreißend offen: Das 1600 Cabrio

Der 1600 TI war aber nicht die einzige Neuheit auf Basis des 1600-2, der im übrigen unverändert weitergebaut wurde. Die Firma Baur in Stuttgart, schon seit der Vorkriegszeit auf den Bau von Spezialkarosserien speziali-

Fontäne für den Fotografen: Trotz stehender Pedale gab die Dichtigkeit der Karosserie keinen Anlaß zur Klage.

durch die US-Abgasprüfung und konnte folglich nicht in die Vereinigten Staaten exportiert werden.

Den Inlandserfolg konnte das freilich nicht schmälern. Nachdem die Zulassungszahlen des BMW 1600 1967 ständig gestiegen waren, obwohl es mit der Autokonjunktur im gleichen Zeitraum rapide bergab ging, überholte der kleine BMW mit 2062 produzierten Exemplaren im Oktober 1967 erstmals den BMW 2000 in der Käufergunst – und war damit meistverkaufter BMW. Insgesamt entschieden sich 1967 schon 38.630 Käufer für den BMW 1600-2.

siert, entwickelte ein bildschönes 1600 Cabrio entwikkelt. Zur Freude aller Oben-Ohne-Fans entschieden die BMW-Manager, das Frischluftgefährt über die eigenen Händler zu vertreiben. Allerdings nicht ganz billig: 11.950 Mark stellten diese für das Cabrio in Rechnung.

Das Baur-Cabriolet war nicht das einzige Cabrio auf 02-Basis, das die Ausstellungbesucher 1967 bewundern durften. Die Osnabrücker Firma Karmann – mit der BMW AG durch die Produktion des 2000 CS geschäftlich eng verbunden – präsentierte ihre Version eines offenen 1600-2. Doch die Zusammenarbeit mit Baur war bereits zu weit gediehen, als daß dem Karmann-Cabrio noch ernsthafte Chancen hätten eingeräumt werden können.

Noch eine – längst fällige – Neuerung brachte die IAA 1967: Der 1600-2 wurde jetzt endlich mit 12 Volt-Anlage und Drehstrom-Lichtmaschine ausgerüstet.

Dingolfinger Stiefbruder: Der 1600 GT

Viele selbsternannte „Fachleute" waren auch nach dem Erscheinen des 1600 TI der Meinung, zur richtigen Abrundung des 02-Programms müßte unbedingt noch ein Coupé her. Schließlich galten Coupés bei den meisten Großserienherstellern doch als sportliche Imageträger und sollten jene Dynamik und Eleganz vermitteln, die den Limousinen meist fehlte. Dabei gab es ab 1967 ein BMW 1600 Coupé – jedenfalls fast. Nach der Übernahme der Glas-Werke hatten die Münchener das sportliche Coupé der Dingolfinger, den Glas 1700 GT, im Programm behalten. Ab Herbst 1967 durfte sich der Glas sogar mit der Niere im Grill schmücken; als BMW 1600 GT stand er fortan bei den Händlern.

Zuvor peppte die Entwicklungsabteilung den gebürtigen Niederbayern allerdings mit einer Frischzellenkur auf. Die antiquierte, blattgefederte Starrachse flog heraus, die Schräglenker-Hinterachse vom 1600-2 wurde dem Coupé in mühsamer Anpassungsarbeit einverleibt. Und weil man 1967 in München auch vom zahnriemengetriebenen Glas-Vierzylinder nicht viel hielt, wanderten Motor und Getriebe vom 1600 TI unters von Pietro Frua gestylte Blechkleid. Lediglich die Vorderachse blieb Relikt aus seligen Glas-Zeiten, was prompt zu Beschwerden über mangelnden Geradeauslauf führte.

Das Konglomerat aus Vergangenheit und Gegenwart – es wäre wirklich für BMW eine zu schöne und billige Art und Weise gewesen, an einen Sportwagen zu kommen – zeigte sich denn auch dementsprechend unausgewogen. „auto, motor und sport" monierte: „Sicherlich ist der GT kein schlecht liegendes Auto, doch hat er das Pech, daß man ihn aus naheliegenden Gründen mit dem sportlich veranlagten 1600 TI vergleicht. Und dieser Vergleich fällt für den Sportwagen nicht günstig aus, denn er besitzt weder das Kurventemperament noch die Richtungsstabilität der kleinen BMW-Limousine."

Leistung hat ihren Preis: Das Einstellen der Doppelvergaser brachte viele Mechaniker an den Rand der Verzweiflung.

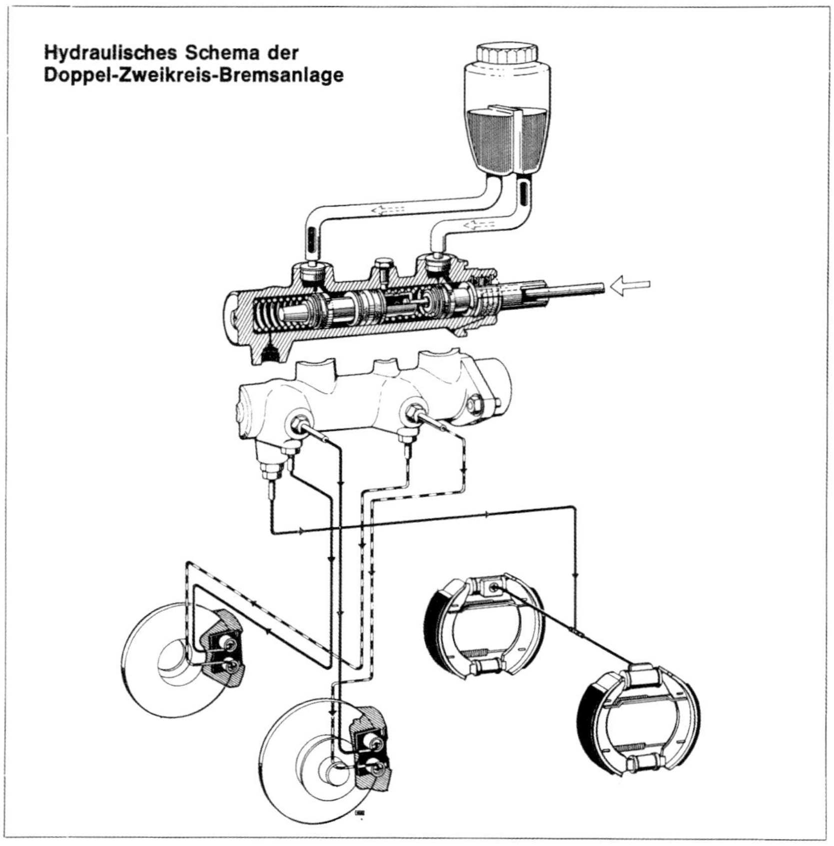

Die aufwendige Bremsanlage zollte der hohen Leistung Tribut.

„Hochzeit“: Ab 1966 so oft wie niemals zuvor bei BMW.

Dank besserer Aerodynamik erreichte der 1600 GT zwar eine höhere Endgeschwindigkeit als sein Stiefbruder 1600 TI, aber der hohe Preis von 15.851 Mark stand einer weiteren Verbreitung doch sehr im Weg. Auch einem 1600 GT Cabrio wurden keine sonderlich guten Verkaufschancen eingeräumt: Es blieb bei zwei Vorserienexemplaren.

Ein eng an der Limousine angelegtes Coupé verbot die Marketing-Konzeption. Hahnemann verkaufte den 1600-2 im Ausland bereits als 2+2sitziges Coupé, als was hätte er dann ein „richtiges Coupé“ verkaufen sollen?

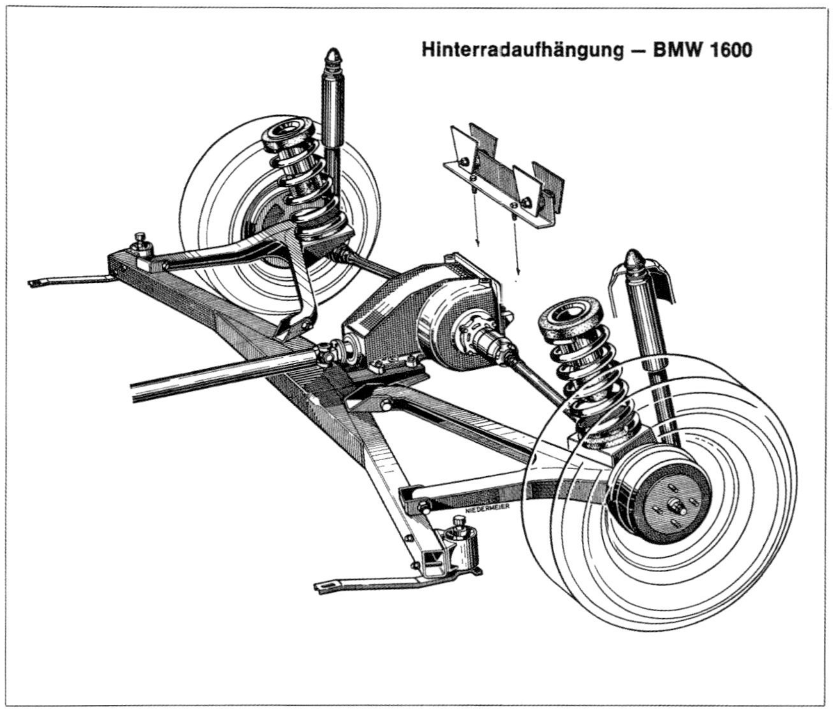

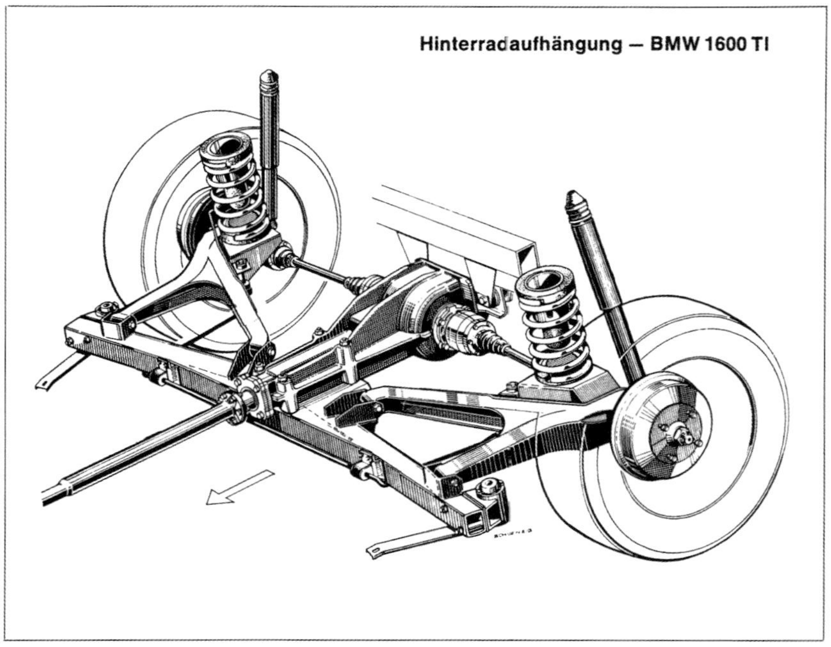

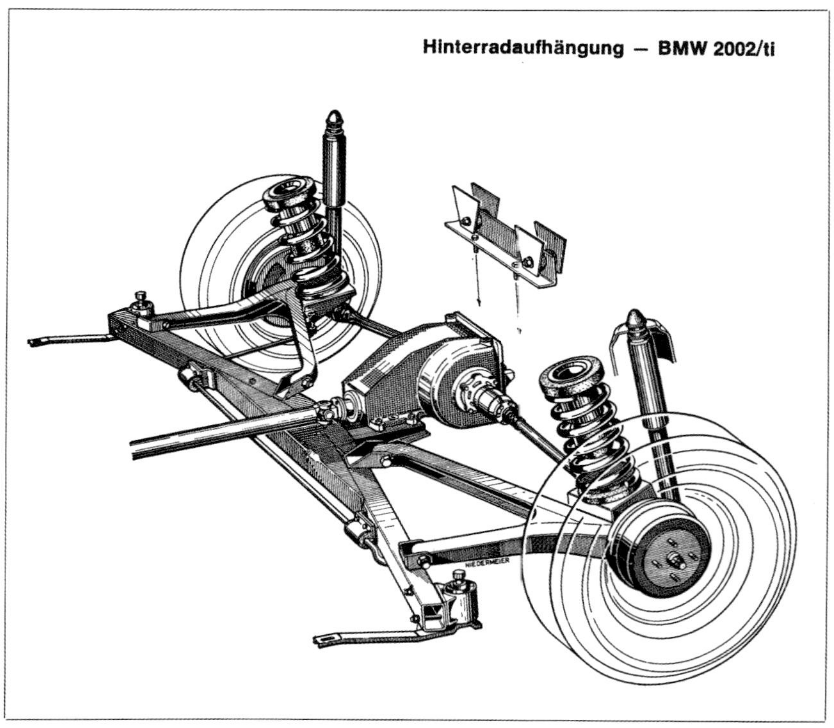

Außerdem hätte ein solches Coupé den Münchenern ihr Konzept vermiest. Schließlich war der Trumpf des 1600-2 gerade die gelungene Symbiose aus Sportlichkeit und Alltagstauglichkeit. Ein Coupé mit großer Limousinen-Ähnlichkeit hätte das sportliche Profil der „Limousine mit Coupé-Charakter“ entwertet und sie somit einer gefährlichen Vergleichbarkeit mit den Modellen der Konkurrenz ausgesetzt. Und: Wenn der Limousine eines nicht fehlte, dann war es Sportlichkeit. Wozu also noch ein Coupé...?

Die Entwicklung eines eigenständigen Coupés mit beschränkten Marktchancen war BMW zu teuer. Zudem hatte das 1600 GT-Experiment die beschränkten Marktchancen aufgezeigt. Außerdem wäre es in direkte Konkurrenz zu Porsche oder Alfa Romeo getreten.

Korrosionsschutz ab Werk: Kataphorese-Tauchgrundierung.

Zwei Liter für den Kleinen: Der 2002

Für die Marketing-Strategen in der Münchener Zentrale waren die erfreulichen Verkaufszahlen kein Grund sein, die Hände in den Schoß zu legen. Seit Dezember 1967 mehrten sich die Gerüchte, den kleinen BMW solle es in Zukunft auch mit dem großen Zweilitermotor geben. Der kam sogar rascher, als Journalisten und Fachpublikum erwartet hatten: Bereits im Januar 1968 stellte BMW den 1600 mit der großen Maschine vor. Sein Name: BMW 2002!

Der 2002 hatte eine anekdotenhafte Vorgeschichte. Schon kurz nach Serienanlauf des 1600-2 hatte sich Alex von Falkenhausen die Zweiliter-Maschine des BMW 2000 in die Karosserie einbauen lassen. Mit diesem Zwitter fuhr er lange Zeit in der bayerischen Landeshauptstadt herum. Gleichzeitig hatte sich Planungsdirektor Helmut Werner Bönsch ebenfalls einen 1600-2 mit der Zweiliter-Maschine ausrüsten lassen. Bönsch wußte nichts von Falkenhausens umgebautem 1600-2, und auch der Motorenkonstrukteur hatte wohl gedacht, die einzige kleine Limousine mit der großen Maschine zu bewegen.

Erst Mitte 1967 entdeckten sie auf dem Werkshof ihre bis dato unbekannte Gemeinsamkeit. Voll der Begeisterung über die harmonische Kombination von Motor und Chassis führten sie ihre Kreationen dem Vorstand vor. Produktionsleiter Wilhelm Heinrich Gieschen und Entwicklungschef Bernhard Osswald entschieden sich zwar gegen die neue Variante, Verkaufschef Paul G. Hahnemann aber zeigte sich angetan. Mit diesem Auto meinte er gegen die strengen US-Abgasgesetze eher eine Chance zu haben als mit den schwierig einzustellenden Doppelvergasern des 1600 TI.

Zudem schienen die Zeichen der Zeit gut zu stehen. Die Automobilkonjunktur hatte sich wieder erholt, die Konsumbereitschaft zugenommen. Hahnemann: „Der BMW 2002 hob sich noch deutlicher von den Konkurrenzerzeugnissen ab als die viertürigen Mittelklassewagen, weil er in noch viel stärkerem Maße auf das BMW-Image zugeschnitten war als sein größerer Bruder.“ Von einem

Der 2002 wurde meist- und längstgebautes Modell der 02-Reihe.

Auf allen Ausstellungen der Welt: 2002 in Sao Paulo.

Zeitgeist: Aus dem Bedienungshandbuch für 02-Fahrer.

„Zufallsprodukt" konnte keine Rede sein, der 2002 zielte genau auf die Bedürfnisse des Marktes.

Auto aus dem Baukasten

Obwohl es technisch ungeheuer einfach gewesen war. Für den 2002 hatten die Münchener nur ins Regal greifen müssen. Mit dem Motor des BMW 2000 und einigen Fahrwerksteilen des 1600 TI entstand eine Limousine, die mit 9250 Mark preislich genau in der Mitte zwischen 1600-2 und 1600 TI lag. Der Zweiliter-Einvergasermotor mit 100 PS versprach mit 16 mkg bei 3000 U/min ein noch bulligeres Drehmoment als der 1600 TI, dessen Fahrleistungen er trotz der fehlenden fünf PS fast erreichte: 0 bis 100 km/h in 10,7 Sekunden, Spitze: 170 km/h.

Der Zweiliter-Motor war im übrigen nicht einfach ein 1,6 Liter-Motor mit vergrößerter Bohrung. Neben der größeren Zylinderbohrung – 89 mm gegenüber 84 mm beim 1600-2 – hatten die Ingenieure auch den Hub von 71 mm auf 80 mm erhöht. Auf dem Papier ergab das zwar eine geringere Drehfreudigkeit, aber Drehzahlen brauchte der 2002 gar nicht so sehr wie sein hubraumschwächerer Stallgefährte. Seine Durchzugskraft erlaubte eine relativ lange Gesamtübersetzung von 3,64:1 gegenüber 4,11:1 beim 1600-2. Damit hielt sich das Drehzahlniveau auch bei Höchstgeschwindigkeit in Grenzen. Schaltfaules und dennoch zügiges Fahren erlaubte der 2002 in besonderer Weise. Wer dennoch, etwa beim Überholen, die Drehzahlreserven ausnutzen wollte, dem kamen die weit nach oben reichenden Gangspitzen zugute: Im dritten Gang ließen sich bei 6500 U/min stattliche 150 km/h realisieren.

Sprengte die Leistungsvorstellungen von Kompaktwagen: 2002 TI.

Auch „auto, motor und sport" zeigte sich von dem Charakter der neuesten Münchener Entwicklung begeistert: „Die Fahrleistungen des 1600 TI erschließen sich vor allem dem aktiven Fahrer, der mit Drehzahl und Drehzahlmesser fährt. Der 2002 hingegen vermittelt sie willig auch bequemeren Piloten, die sich gerne einmal das Zurückschalten sparen und lieber hineintreten ins volle Drehmoment." Der Tester des US-Magazins „Car and Driver" schien auch den Verlust des 1600 TI verschmerzt zu haben: „So wie ich hier sitze, eben dem Interieur des neuen 2002 entstiegen, kommt es mir vor, als ob an die neun bis zehn Millionen Amerikaner dieses Jahr einen schrecklichen Fehler machen. Wie pflichtgetreue kleine Roboter werden sie ihre Blechkisten verlassen und den falschen Wagen kaufen ... Schrecklich, schrecklich möchte ich sagen, wo sie doch einen BMW 2002 kaufen sollten."

Besonders attraktiv war der 2002 für Fahrer, die Leistung nicht gerne aus hohen Drehzahlen, sondern aus dem Hubraum schöpfen. Der niedrigere Preis des 2002 gegenüber dem 1600 TI resultierte aus der einfacheren Ausstattung: Sie entsprach weitestgehend der des 1600-2. Lediglich Bremskraftverstärker und Doppeltonfanfare unterschieden den 2002 auf der Ausstattungsliste von seinem schwächeren Bruder. Wer serienmäßig Liegesitze, Gürtelreifen und Stabilisatoren wollte, mußte zum TI greifen.

Der Erfolgstyp

Der von vielen fälschlich einfach als „glücklicher Wurf" bezeichnete 2002 entpuppte sich als Volltreffer. Der bullige 2 Liter-Motor mit seiner souveränen Kraftentfaltung, die Laufruhe und nicht zuletzt seine Sparsamkeit – das alles waren Attribute, die ihn im Trio der lieferbaren Versionen des kleinen BMWs zur harmonischsten Kombination stempelten. Einziger Wermutstropfen: Die magere Ausstattung, die der 2002 ja nahezu unverändert mit seinem schwächeren Bruder, dem 1600-2, gemein hatte.

Auf diese berechtigte Kritik reagierte BMW prompt: Vom 1. April 1968 an gab es den 2002 serienmäßig mit Sportlenkrad, Stabilisatoren vorn und hinten sowie Gürtelreifen. Dafür erhöhte sich allerdings auch der Grundpreis: Mit 9394 Mark stand er nun in der Liste. Drehzahlmesser (Aufpreis 115,50 Mark) und Liegesitze (Aufpreis 145,20 Mark), die einzigen Accessoires, die ihn jetzt noch vom 1600 TI unterschieden, gab's auf Wunsch. Der Preis des 1600 TI war zwischenzeitlich allerdings auf 10.032 Mark geklettert.

Schon im Mai 1968 zeigte die Statistik der Personenwagenzulassungen, daß der 2002 auch verkaufsmäßig ein Treffer ins Schwarze war. 2111 Käufer hatten die Zweiliter-Version gewählt, immerhin noch 1807 Käufer den 1600-2. Damit hatte der „kleine BMW" seine Zulassungszahlen gegenüber dem Mai des Vorjahres – als nur der 1600-2 angeboten wurde – um 2121 Exemplare steigern können: Fast genau also die Zulassungszahl des 2002. Das bewies: Wieder hatte BMW eine Marktnische entdeckt und den Markt insgesamt ausweiten können. Wieder hatten die Münchener ein Auto auf den Markt gebracht, das sich gut verkaufte, ohne dem Stallgefährten 1600 Marktanteile wegzunehmen.

Die Wünsche zahlreicher Sportfahrer befriedigte BMW ab Juli 1968. 1600 TI und 2002 erhielten auf Wunsch ein Fünfgang-Getriebe. Die fünf Gänge waren allerdings ein ziemlich teurer Spaß: 854,70 Mark stellte der BMW-Händler dafür zusätzlich in Rechnung.

940 Kilogramm, 120 PS: Der 2002 TI

Eine weitere Version der kleinen BMW-Limousine hatten die Gazetten schon im März 1968 angekündigt: den 2002 TI. Der 120 PS-Motor des 2000 tilux und des 2000 CS sollte – nach Aussage von „auto, motor und sport" – den kompakten Bestseller erstmals an die 200 km/h-Schwelle bringen. Aber Kapazitätsprobleme, hauptsächlich verursacht durch den Verkaufserfolg des 2002, verzögerten die Premiere des 2002 TI bis zum Oktober 1968.

Das Warten hatte sich jedoch gelohnt: Der Doppelvergaser-Motor verschaffte dem 2002 TI mit seinen 120 PS ein Leistungsgewicht von 7,9 kg/PS. Sein maximales Drehmoment vom 17 mkg erreichte er schon bei 3600 U/min. Die 200 km/h-Grenze schaffte er zwar nicht, aber knapp 190 km/h waren für einen Zweiliter-Wagen damals schon enorm. Und von 0 bis 100 km/h beschleunigte die „Bombe aus Bayern" in 9,2 Sekunden, bis 160 km/h vergingen

Crashtest anno dazumal: Mit Hilfsraketen gezündet . . .

. . . fährt der 1600-2 auf eine Rampe zu . . .

. . . um sich alsbald in die Luft zu erheben . . .

. . . und in mehreren seitlichen Überschlägen . . .

. . . die ausgezeichnete Karosseriestabilität zu demonstrieren.

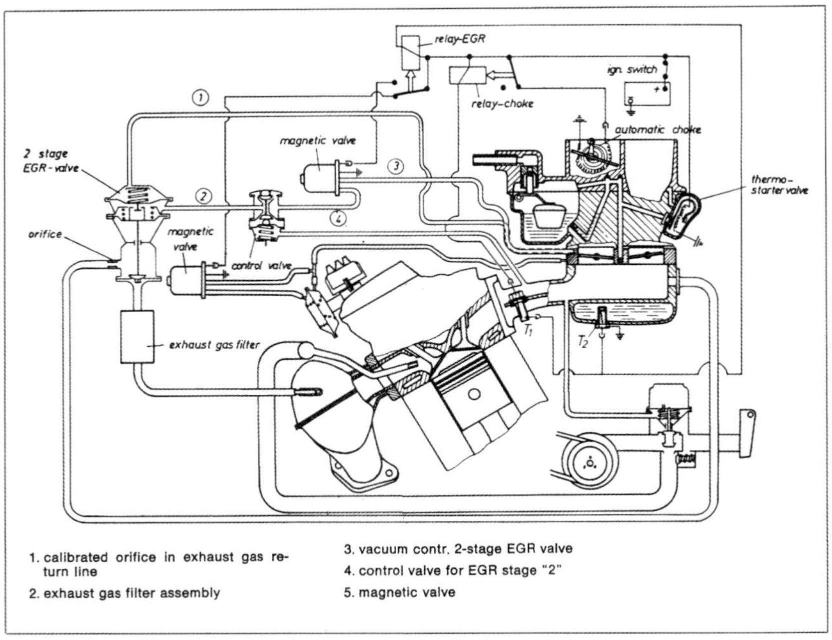

Umweltschutz 1969: Abgasrückführung für die US-Version.

Modellpflege 1971: Instrumenteneinfassungen in schwarz.

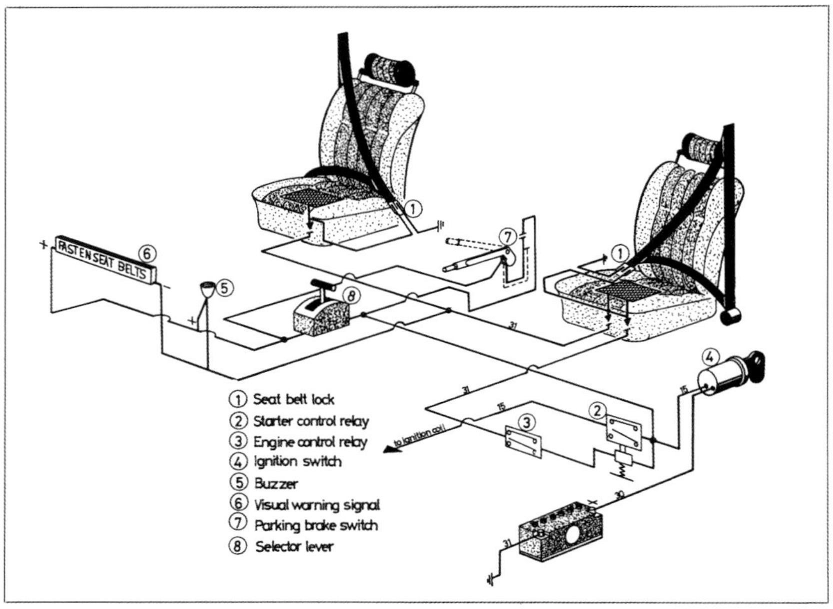

Fasten Seat Belt: Bei Nichtbeachtung ertönte ein Summer.

Kommandozentrale für Fans: 2002 tii-Cockpit.

ganze 28 Sekunden. Trotzdem: Die BMW-eigene Kultiviertheit, die Laufruhe und unbedingte Alltagstauglichkeit zeichneten auch den 2002 TI aus.

Auch fahrwerksseitig hatten die Ingenieure der erhöhten Leistung natürlich Rechnung getragen. Sie konnten sich hier auf die Erfahrungen aus dem Tourenwagensport stützen, die ja bereits mit dem 1600 TI und dem 2002 gesammelt worden waren. Das U-Profil des Hinterachsträgers war zur Versteifung im Gegensatz zum normalen 2002 jetzt zugeschweißt. Radlager und Naben stammten aus dem wesentlich schwereren 2000 TI, breite 5-Zoll-Felgen mit Gürtelreifen und somit eine um 16 mm verbreiterte Spur sollten die ohnehin schon exzellente Straßenlage verbessern.

Auch die Bremsen hatten die Ingenieure überarbeitet: Als erster 02-er verfügte der 2002 TI über eine Zweikreis-Bremsanlage. Die Vierkolben-Bremszange der vorderen, größer dimensionierten Scheibenbremse bezog ihren Bremsdruck über zwei unabhängige Bremskreise. So blieben auch beim Ausfall eines kompletten Bremskreises immer noch zwei Bremskolben an jeder Seite voll funktionsfähig. Die Gefahr eines plötzlichen einseitigen Bremsen war so wirkungsvoll verhindert.

Auto-Tester attestierten den Fahrwerksverbesserungen den erwünschten Erfolg. Ihrer Meinung nach übertraf der 2002 TI in Sachen Straßenlage seine Schwestertypen. Sein Eigenlenkverhalten bezeichnete „ams" als nahezu ideal für eine schnelle, sportliche Fahrweise: „In den Kurven dominiert eine geringfügige, leicht beherrschbare Übersteuerneigung, die sich dank dem kräftigen Schub der Hinterräder von guten Fahrern in einen wunderbaren Drift umsetzen läßt." Erfreulich war aber auch der – im Vergleich zu den Fahrleistungen – relativ günstige Preis von 10.989 Mark. Ähnliche Beschleunigungs- und Fahrwerte gab es 1968 woanders bestenfalls fürs doppelte Geld.

Doch der 2002 TI mußte sich auch Kritik gefallen lassen: Die Sitze der kleinen Modellserie hatten schon bei ihrem Debüt 1966 den Unmut der professionellen Tester und vieler Kunden geweckt. Auch knapp drei Jahre nach seiner Markteinführung war es BMW nicht gelungen, den 2002 TI mit Sitzen auszustatten, die seinen sonstigen Qualitäten entsprachen. Ambitionierten Fahrern blieb da nur der Griff ins Zubehörregal. Denn Recaro-Sitze gab es bei BMW nur gegen Aufpreis.

Eine Modellversion war durch den 2002 TI überflüssig geworden: Den etwas glücklosen 1600 TI strichen die Münchener nach knapp 9000 verkauften Exemplaren Ende 1968 aus dem Programm. Die verbleibenden Versionen profitierten dagegen von der Einführung des TI. Ohne Aufpreis rüstete BMW von nun an auch 1600 und 2002 mit einem doppelten Zweikreis-Bremssystem und einer Warnblinkanlage aus. Dem 2002 spendierte die Entwicklungsabteilung zusätzlich homokinetische Gelenke an den Antriebswellen.

Ohne Kuppeln und Schalten: BMW 2002 Automatic

Nach den spektakulären Einführungen neuer Modellversionen hatten sich die Münchener eine Verschnaufpause verdient. Nur eine Neuigkeit gab es zu vermelden: Für schaltfaule Fahrer bot BMW den 2002 jetzt auch mit einem Automatik-Getriebe von ZF an. Auch hier setzten die Entwickler einfach wieder aus vorhandenen Komponenten eine neue Modellversion zusammen – das 3-Stufengetriebe war bereits aus dem 1800 und dem 2000 Automatic bekannt.

Auch dieser Version überzeugte die Fachpresse: In Heft 19/1969 zogen die Tester von „auto, motor und sport" folgendes Fazit: „Auch in der Automatik-Version bleibt der 2002 ein Auto, in dem Fahren unter allen Bedingungen Freude macht. Vom Stand auf 100 km/h benötigt das Auto in der Automatikstellung A knapp über 13 Sekunden, in den durchgeschalteten Positionen I und II vergehen 12,9 Sekunden."

Die Höchstgeschwindigkeit des 2002 Automatic lag mit 165 km/h geringfügig unter der des 2002, mit knapp 1200 Mark Mehrpreis mußte der Verzicht auf Kuppeln und Schalten bezahlt werden. Vielleicht war die zusätzliche Version im Hinblick auf schaltunwillige US-Käufer ins Programm gekommen – das eher sportlich orientierte europäische Publikum konnte sich mit der „unsport-

Erneuter Leistungszuwachs: Dank Kugelfischer-Einspritzung mobilisierte das Zweiliter-Aggregat des 2002 tii 130 PS.

Traumhafter Zustand: 1600 Vollcabriolet mit Lederausstattung

Die zeitgenössischen Speichenräder sind heute gesuchtes Zubehör.

Leider gelang es dem 1600 GT nicht, auf dem Coupé-Markt so viel Staub aufzuwirbeln wie auf diesem Bild.

Ur-1600-2 mit Chrom-Intarsienleiste an der Motorhaube.

Merkmal der TI-Versionen und des 2002: Schwarzer Kühlergrill.

Flachere Neigung: Frontscheibe des 1600 Cabriolet.

Noch mit zweigeteiltem Kühlergrill: 2002 tii von 1971.

Gesichtsoperation: Glas-Coupé ab 1967 mit BMW-Niere.

Am einteiligen Kühlergrill lassen sich die nach 1973 gebauten 02-Typen erkennen.

Gewöhnungsbedürftig: Die Optik des 2002 Cabriolets mit Überrollbügel konnte keine Begeisterungsstürme entfachen.

Schon in den sechziger Jahren präsentierten die Bayerischen Motoren Werke ihre Produkte gerne vor exclusivem Ambiente.

Glücklos: Der Touring konnte die Erfolgsserie nicht fortsetzen.

Mit wenig Fingerspitzengefühl: Turbo-Auftritt von 1973.

Keine Chancen auf den Schönheitspreis: US-Version.

Ebenfalls flachere Frontscheibe: Cabriolet mit Überrollbügel.

lichen" Automatik nie recht anfreunden: Bis 1975 wurden nur 34 558 2002 Automatic ausgeliefert. Kuriosität am Rande: Vom Juli 1974 bis September 1974 produzierte BMW 100 1802 Automatic für den israelischen Markt.

Die nochmals verschärften amerikanischen Abgasgesetze ließen die BMW-Produktplaner 1969 auch über spezielle US-Versionen nachdenken. 1600-2 und 2002, die beiden einzigen 02-Typen, die bis dato exportiert wurden, konnten die strengen Bestimmungen in ihren bisherigen Version kaum einhalten. Da geregelte Katalysatoren 1969 noch nicht serienreif waren, entschlossen sich die Techniker zu einem Abgas-Rückführungs-System. Dabei blies ein keilriemengetriebener Kompressor Luft in den Abgaskrümmer. Das schadstoffreiche Benzin-Luft-Gemisch wurde so bei extrem hohen Temperaturen nachverbrannt, was zu einer Minderung des CO- und CH-Ausstoßes führte. Allerdings auch zu einer Leistungsminderung: Der 2002 in der US-Version war auf Normalbenzin von 91 Oktan ausgelegt. Dazu kam der Leistungsverlust durch den Kompressor. Am Ende blieben 90 SAE-PS übrig.

Die US-Version unterschied sich aber noch in weiteren Punkten von den Europa-Modellen. So besaß sie ein Kontrollsystem, das dem Fahrer signalisierte, wenn ein Bremskreis ausgefallen war. In Deutschland war diese Sicherheitseinrichtung nicht im Lieferprogramm. Außerdem zeigte ein akustischer Warnton an, wenn die Insassen gegen die in den USA bereits eingeführte Gurtpflicht verstießen.

Für die Gewohnheiten der US-Kunden und die klimatischen Verhältnissen jenseits des großen Teiches gab es auf Wunsch – allerdings nur beim 2002 – eine Klimaanlage, bei der BMW die Luftaustrittsdüsen der 1968 eingeführten Sechszylindertypen verwendete. In Europa bot die BMW AG die Klimaanlage nie offiziell für die 02-Typen an. Wie im Falle der Lederpolsterung konnte jedoch auch hier ein gutes Verhältnis zum BMW-Händler Kunden in der Alten Welt in den Genuß dieser zusätzlichen Annehmlichkeiten bringen. Nur im turbo und bei den TI-Versionen war der Einbau der Klimaanlage nicht möglich.

Von einer Glas-Idee zum Touring

Das Thema zusätzlicher Karosserievarianten, von Paul G. Hahnemann bereits 1966 erwogen, stand nach der „Studenten-Auto-Episode" 1967 auch 1968 noch im Raum. Statt des Coupés inspirierte die Münchener Produktentwickler nun eine andere Idee: Der Glas 1304 CL, eine dreitürige Kombi-Limousine, hatte sich zwar nie glänzend verkauft, schien aber dennoch eine zukunftsträchtige Idee zu verkörpern. Die extrem geneigte Heckklappe verlieh ihm fast Coupé-Charakter und ermöglichte gleichzeitig einen variablen Innenraum. Dieses Konzept auf den 1600-2 übertragen, dachte man, könnte möglicherweise eine neue Nische schaffen: ein Fahrzeug für Leute, die zwar aufgrund steigender Freizeitansprüche einen variablen Innenraum wünschen, denen aber reine Kombis zu sehr das brave Lastesel- oder Handwerker-Image tragen. Ein 1600-2- oder 2002 Combi-Coupé würde gleichzeitig den sportlichen Ansprüchen Rechnung tragen und genau jene Dynamik vermitteln, die auch den kleinen Limousinen-Typen zum Erfolg verholfen hatte. Soweit in der Theorie.

Die Praxis sah folgendermaßen aus: Entwicklungschef Bernhard Osswald beauftragte die italienischen Karosseriers Bertone und Michelotti, ein „Combi-Coupé" auf der Basis der kleinen Limousine zu entwerfen. Giovanni Michelottis Vorschlag – er hatte schon bei der Entwicklung der Limousine Pate gestanden – erhielt den Zuschlag: Tatsächlich stellte die Versuchsabteilung bald darauf einen Schrägheck-Prototypen mit dem Fahrgestell der kleinen Limousine auf die Beine, der kurioserweise einen Glas-Kühlergrill, ein Dingolfinger Kennzeichen sowie die Typenbezeichnung „1304" trug. Ansonsten zeigte sich der – intern „City" genannte – Erlkönig bis zur B-Säule gegenüber der Limousine unverändert. Lediglich die Neigung der Frontscheibe war etwas stärker ausgefallen, um die nicht gerade überragende Aerodynamik zu verbessern. In Heft 26/1969 von „auto, motor und sport" war der später „Touring" genannte Dreitürer erstmals zu sehen. BMW-Pressesprecher Stefan von Schlotheim dementierte allerdings eiligst Gerüchte, nach denen eine Serienproduktion geplant sei.

Tatsächlich legten die Münchener das Projekt erst einmal wieder auf Eis. Grund: Die ausgezeichneten Verkaufszahlen der vorhandenen Modelle. Das änderte sich erst 1970.

Deutschlands Autobauer entdecken den Sport

Die automobile Landschaft hatte sich gegenüber der Mitte der sechziger Jahre, als der 1600-2 erschien, grundlegend gewandelt. Den Ruf nach mehr Sportlichkeit konnten auch die großen Hersteller nicht mehr überhören. So überraschte beispielsweise Opel schon 1968 mit dem GT. Die Serienfertigung des ultraflachen Zweisitzers hatte man den Rüsselsheimern – sonst eher für Familienkutschen prädestiniert – nie zugetraut. Die Erzrivalen der Hessen, die Kölner Ford-Werke, zogen gleich im nächsten Jahr mit dem Capri nach. Dieser viersitzige Sportwagen, in unzähligen Motor- und Ausstattungsversionen, sollte für Ford ein Riesen-Verkaufserfolg werden.
Weil der zweisitzige GT dem – wenn auch beschränkt – familientauglichen Capri kein Paroli bieten konnte, präsentierte Opel schon 1970 den Manta, ebenfalls ein viersitziges Coupé mit sportiver Optik.

Manta und Capri schienen offenbar die Droge gewesen zu sein, auf die zahlreiche Familienväter lange gewartet hatten. Beide gingen weg wie warme Semmeln. Doch der vermeintliche Kompromiß von familiärem und sportlichem Charakter beschränkte sich auf die Nachteile beider Eigenschaften. Beide waren relativ klein und eng und boten dabei nicht annähernd die Dynamik, Handlichkeit und die überragenden Motor- und Fahrwerkseigenschaften eines BMW 2002.

Der Zeit weit voraus: Geteilt umklappbare Rücklehne im Touring.

Ungeliebtes Kind: Den Touring hatte Hahnemann nicht gewollt.

Mit Aluminiumfelgen gegen das Kombi-Image: 2000 tii Touring mit Rallye-Paket.

Der Mißerfolg des dreitürigen 02-Touring hinderte BMW nicht, den fünftürigen 3er-Kombi 1987 ebenfalls Touring zu nennen.

Schöne, neue Freizeitwelt: BMW versuchte, den Touring als Ideallösung für neue Freizeitbedürfnisse zu vermarkten.

Trotzdem: Mit Manta und Capri hatte sich der Automarkt verändert. Beide schienen für BMWs kompakte Reihe eine ernste Konkurrenz. Beobachter meinten, BMW müsse jetzt reagieren. Vor allem die BMW-Händler, alarmiert durch die Verkaufserfolge der Konkurrenz, drängten die Firmenzentrale zu schnellem Handeln.

Häufig kritisiert: Die Sitze der 02-Versionen.

1971: Erstes großes Face-Lifting

Was auch tatsächlich geschah. Im Mai 1971 erschien der „kleine BMW" in neuer Form. Nach bislang 320 000 gebauten Exemplaren hatten sich die BMW-Manager – um den weitergehenden Erfolg des populärsten Autos, das BMW jemals gebaut hatte, zu sichern – für eine behutsame Modellpflege entschieden.

Vor allem den Innenraum hatten die Stylisten wohnlicher gestaltet. Die neu gezeichneten Instrumente, jetzt ganz in Schwarz und ohne die häufig kritisierte Chromeinfassung, ließen sich besser ablesen als bisher. Ein Unterschutz aus Vollschaum deckte die untere Seite der Instrumentenkonsole ab und sollte dort im Falle eines Unfalls Knieverletzungen vorbeugen. Die US-Version hatte dieses Sicherheitsdetail schon vor 1971. Und das Dreispeichen-Lenkrad mit integrierten Huptasten löste endlich das reichlich bieder wirkende Zweispeichen-Lenkrad ab.

Überhaupt hatten sich die Entwickler ausgiebig Gedanken darüber gemacht, wie die Bedienbarkeit des 02 noch zu verbessern sei. Der Scheibenwischer-Schalter wanderte von seinem Platz im Armaturenbrett an den griffgünstiger gelegenen Blinkerhebel rechts vom Lenkrad. 02-Piloten konnten nunmehr per Knopfdruck den Scheibenwischer in Betrieb setzen, ohne dabei die Hände vom Steuer nehmen zu müssen. Auf Zug aktivierte der Hebel die Wisch-Wasch-Automatik. Neu auch: Kontrolleuchten für Choke, Handbremse und Kraftstoffreserve.

Auch die Sitze waren verbessert worden. Mit neuer Polsterung zeigten sie sich komfortabler als ihre Vorgänger. Selbst die Rückbank war an den Änderungen nicht ungeschoren vorbeigekommen: Ihre Lehne war nun muldenförmig ausgeformt. Und für Liegesitzbeschläge brauchten 02-Kunden keinen Aufpreis mehr zu bezahlen.

Ansonsten blieb das vielgelobte Interieur der kleinen Limousine im wesentlichen unverändert: Das gut regulierbare Heizungs- und Lüftungssystem – jetzt mit drei Gebläsestufen und damit um 20 Prozent verbesserter Heizleistung –, die praktischen Ablagen auf dem Armaturenbrett – jetzt mit Rippen, damit Sonnenbrille oder Zigarettenetui nicht mehr umherrutschen konnten –, die ganze Art, in der das Auto auf den Fahrer zugeschnitten war, konnte auch 1971 Fans in Begeisterung versetzen.

Technisch gab es – außer den neuen Motoren – nur wenig Änderungen: Die wichtigsten waren die Umstellung aller Typen auf ein hydraulisches Kupplungssystem sowie die Ausrüstung mit homokinetischen Gelenken an den Antriebswellen. Der Druck auf eine der Hupentasten ließ nun, statt des gewohnten Eintonhorns, eine Doppelfanfare erschallen. Und ein fünfflügeliger Kühlerventilator sorgte für gesündere Temperaturverhältnisse im Motorraum. Selbst Insider mußten aber genau hinsehen, um den Wandel überhaupt zu bemerken. Von außen war die aufgefrischte Modellreihe nämlich nur an schwarzen Kunststoff-Karosserieleisten und gummibelegten Stoßstangen zu erkennen.

Dem Trend zu „Personal-Cars", also der Möglichkeit, sich ein individuelles Auto aussuchen zu können, zollten auch die Bayerischen Motoren Werke Tribut: Mit acht verschiedenen Modellversionen demonstrierten sie Vielfalt. Neue Typenbezeichnungen brachten mehr Übersichtlichkeit ins Programm:

Neuer Name für den Urtyp: BMW 1602

Der 1602 löste den „Urtyp" 1600-2 ab. In der Ausstattung hatten die Produkt-Planer den kleinsten BMW kaum verändert. Wie alle anderen 02-Typen rüstete das Werk den 1602 von nun an mit einer Drehstromlichtmaschine von 630 Watt aus (die Leistung der alten Lichtmaschine hatte 490 Watt betragen). Nichts verändert wurde am bewährten 1,6 Liter-Motor. Kein Wunder: In der 1,6 Liter-Klasse setzte der 1602 in punkto Laufkultur und Leistungscharakteristik noch immer Maßstäbe. Mit 9990 Mark blieb der 1602 als einziger BMW unter der 10 000 Mark-Schwelle.

Feiner Motor aus dem Baukasten: Der 1802

Mit dem 1802 demonstrierten die Bayern erneut das Baukastensystem in Reinform. Sein Motor kam ursprünglich aus dem viertürigen 1800, war aber zusammengesetzt aus Komponenten des 1602 und des 2002. Während seine Zylinder mit 89 mm den Durchmesser des Zweiliter-Aggregats hatten, rotierte im Motorgehäuse die Kurbelwelle des 1,6 Liter-Motors. Damit war der 1802 also deutlich kurzhubiger als der 2002 ausgelegt. Die Endübersetzung übernahm die Entwicklungsabteilung vom 1602, womit der 1802 also kürzer übersetzt war als der 2002.

Kurze Übersetzung und kurzer Hub ließen viel Drehfreude vermuten. Tatsächlich zeigte sich der 1802 überraschend temperamentvoll. Trotz seiner nominell nur um fünf PS stärkeren Maschine distanzierte er den 1602 deutlich und kam dem zehn PS stärkeren 2002 schon ziemlich nahe. So ermittelte „auto, motor und sport" eine Beschleunigung von 0 auf 100 km/h in 11,6 Sekunden (2002: 10,8 Sekunden) und eine Höchstgeschwindigkeit von 170 km/h (2002: 174 km/h). In den Elastizitätswerten konnte der „kleine" 1802 den „großen" 2002 sogar übertrumpfen – wenn auch nur um Sekundenbruchteile.

Die ausgezeichneten Fahrleistungen waren vor allem das Verdienst der kurzen Hinterachsübersetzung. Auf deren Kehrseite stand allerdings ein hohes Drehzahlniveau: Benötigte der 2002 für 174 km/h nur 5900 U/min, betrug die Drehzahl des 1802 bei 170 km/h bereits 6500 U/min.

Neben Temperament und Drehfreude attestierten die Tester dem 1802 wie dem 1602 vorbildliche Laufkultur. Redakteur Klaus Westrup meinte gar: „...weicher und runder laufende Vierzylindermotoren sind schwer vorstellbar. Für den Fahrer bedeutet dies eine positive Dreingabe ersten Ranges: Er bleibt in allen Drehzahlbereichen von Vibrationen oder lästigen Brummgeräuschen restlos verschont, und er genießt diesen Motor-Komfort mit ganz geringen Abstrichen auch in den Zweiliter-Modellen."

Außer den Modellpflegemaßnahmen hatte BMW am 2002 nichts verändert. Mit seinem starken Zweilitermotor empfahl er sich nach wie vor für Fahrer, denen eine souveräne Kraftentfaltung wichtiger als hohe Drehzahlen waren.

Ausstattungsmäßig waren 1602, 1802 und 2002 identisch, der 2002 verfügte lediglich über zusätzliche Drehstabstabilisatoren. Auch die preislichen Unterschiede waren nicht allzu groß: Den knapp 10.000 Mark des 1602 standen 10.434 Mark gegenüber, mit denen der 1802 zu Buche stand, und 10.878 Mark, die für den 2002 veranschlagt werden mußten. Die selten verlangte Automatic-Version gab es auch 1971 wieder. 12.099 Mark mußten die Automatic-Liebhaber unter den 02-Kunden bezahlen.

Erstmals mit Benzineinspritzung: Der 2002 tii

Neben dem 1802 brachte der Frühling 1971 auch noch einen echten Knüller: Der 2002 tii löste den 2002 TI ab. Anstelle der schwierig einzustellenden Doppelvergaser hatten die Motoren-Techniker dem stärksten 02 jetzt die Kugelfischer-Benzineinspritzung des 2000 tii spendiert. Damit eröffnete sich dem Spitzenmodell der 02-Serie jetzt endlich der amerikanische Markt mit seinen scharfen Abgasbestimmungen. Die TI-Modelle hatten mit ihren Doppelvergasern nie eine Chance gehabt, die amerikanischen Abgasprüfungen zu bestehen. Ganz nebenbei stieg die Leistung des Zweiliter-Aggregats um 10 auf 130 PS, die aus dem 2002 tii ein echtes 190 km/h-Auto machten – und natürlich auch hervorragende Beschleunigungs-

Verwindungsfestigkeit und bessere Unfallsicherheit versprach BMW für das Cabriolet mit Überrollbügel.

Begeisterndes Handling: Bei Autotestern stand die 02-Serie während ihrer gesamten Produktionszeit besonders hoch im Kurs.

Seltener Anblick: 2002 Diana mit Doppelscheinwerfern.

Für noch mehr Dynamik und Fahrspaß bürgten Alpina-getunte BMWs.

werte garantierten: Tempo 100 erreichte der 2002 tii bereits nach 9,7 Sekunden.

Der 2002 tii war 1971 kein ganz Unbekannter mehr. Schon auf der IAA 1969 hatten die Bayern den Zweiliter-Motor mit Benzineinspritzung in der kleinen Limousine präsentiert. Die Entwicklungsarbeiten an der für die BMW-Serienfertigung völlig neuen Benzineinspritzung zogen sich aber noch bis 1971 hin. Seit Dezember 1969 hatte es den Einspritzer schon im 2000 tii gegeben – ohne allerdings von den Kunden sonderlich akzeptiert zu werden. Insgesamt gab es keine 2000 Exemplare des Viertürers mit der Kugelfischer-Anlage. In die kleine Limousine wurde das bärenstarke Aggregat dagegen fast 40 000 mal eingebaut – und immerhin fast 6000 mal in den touring. Die Firma, die seit 1987 nur noch Fahrzeuge mit Benzineinspritzung baut – als einziger Volumenhersteller der Welt – kam also verhältnismäßig spät zur Großserienausrüstung mit der moderneren Gemischaufbereitung. Erst im Herbst 1971 sollten Benzineinspritzungen für die Sechszylinder-Motoren folgen, dafür aber nicht mehr mit dem mechanischen Kugelfischer-System, sondern elektronisch geregelt und von Bosch entwickelt.

Mehr noch als mit seinen Fahrleistungen überraschte der tii denn auch mit seinem günstigen Verbrauch. Als Norm bei 110 km/h gab BMW 8,8 Liter/100 km an. Den duchschnittlichen Testverbrauch ermittelten die „auto, motor und sport"-Tester mit 12,3 Liter. Damit lag der 2002 tii einen Liter unter dem 2002 und immer noch einen halben Liter unter dem 1802. „auto, motor und sport": „Eine neue Bestmarke im Kreis besonders gut motorisierter Autos."

Auch ausstattungsmäßig unterstrich der 2002 tii seinen Anspruch auf die Spitzenstellung: Die 190 km/h Höchstgeschwindigkeit erforderten HR-Reifen, im Innenraum fanden sich, wie schon vom Ti gewohnt, Drehzahlmesser und ein lederbezogenes Sportlenkrad. Preis der starken Limousine bei ihrer Präsentation: 12.765 Mark.

Schäden an den Zylinderköpfen der ersten 2002 tii veranlaßten die Bayerischen Motoren Werke schon bald zu einer Modellpflege. Die Verdichtung wurde zurückgenommen und die Schwingrohrlänge verändert. Außerdem bestanden die Schwingrohre der zweiten Version nicht mehr aus Plastik, sondern aus Aluminium. Allerdings hält sich bis heute das Gerücht, daß bei nominell gleicher PS-Leistung der modellgepflegte 2002 tii etwas an Biß verloren hatte . . .

Ihre sonstigen Qualitäten hatte die 02-Baureihe natürlich beibehalten. Auch 1971 war die Fachwelt über die ausgezeichnete Straßenlage, die leichtgängige und exakte Lenkung sowie die Handlichkeit der Limousine voll des Lobes.

Kuriosum 1971: Drei Cabrios im Programm

Wer die Wahl hat, hat die Qual. Und wer meinte, mit den vier Motorisierungsmöglichkeiten des 1971er Programms sei die Palette der BMWs auf 02-Basis bereits erschöpft, sah sich mit einem Blick auf die Preisliste eines Besseren belehrt. Denn auch das Cabriolet profitierte von den Ausstattungs-Verbesserungen des 1602, seine offizielle Bezeichnung blieb aber 1600. Billig war das Cabrio nie gewesen: 13.253,40 Mark kostete der Frischluftspaß 1971.

Mit der Karosserie des 1600 Cabriolet lieferten die BMW-Händler auch noch 1971 insgesamt 200 Stück des ebenfalls bei Baur in Stuttgart gebauten 2002 Cabriolets. Mit 14.208 Mark war der Zweiliter nochmal über 900 Mark teurer als der offene 1600.

Geringer Verbrauch, gute Abgaswerte: Zweiliter-Einspritzmotor.

Die beiden Cabriolets waren im Frühjahr 1971 allerdings nicht die beiden einzigen Alternativen, die Freude am Fahren unter freiem Himmel zu genießen. Ab Mai 1971 stand auch das Cabriolet mit Überrollbügel in den Preislisten und sollte bald die bügellose Version ablösen. Steifigkeitsprobleme des Vollcabriolets und die immer stärker aufkommende Sicherheitsdiskussion hatten BMW zu diesem Schritt veranlaßt. 14.985 Mark kostete der nun nicht mehr ganz so luftige offene 02. Mit dem Überrollbügel leistete Baur Pionierarbeit: Opel Kadett C Aero, VW Golf Cabrio, Ford Escort Cabrio und Opel Kadett E Cabrio – um nur die deutschen Vertreter zu nennen – übernahmen für die Großserienfertigung ebenfalls die Idee des Cabrios mit Henkel.

Auch von hinten häßlich: Riesen-Stoßstangen der US-Version.

Am Heck-Design des Touring schieden sich die Geister.

Was lange währt . . .: Der Touring

Im Frühjahr 1971 lief endlich auch der erste Touring vom Band. Gegenüber dem Prototyp hatten die BMW-Entwickler allerdings das Chassis verkürzt. So betrug die Außenlänge nicht mehr 4230 mm wie bei der Limousine, sondern lediglich 4110 mm. Mit vollmundigen Sprüchen pries die Werbeabteilung das neue Modell an: „Gleich geeignet als rasantes Instrument ambitionierter Sportfahrer wie als Zweckfahrzeug der wirtschaftlich denkenden Familie!“ Solch forsche Sprüche sollten vor allem der Gefahr entgegenwirken, der Neue könnte sich im Bewußtsein der Öffentlichkeit allzu sehr als Lieferwagen festsetzen. Davor hatte nämlich Marktforscher Bernt Spiegel eindrücklich gewarnt. Das sportliche Image der Bayern könnte durch halbe Schweine oder Anstreich-Eimer im Laderaum schweren Schaden nehmen.

So mieden also die Marketingstrategen das Wort „Kombi“ wie der Teufel das Weihwasser. Um seine eigentliche Bestimmung noch zu unterstreichen, boten die Münchener den Touring zuerst nur mit der 130 PS-Einspritzmaschine an. Außerdem wurden sie nicht müde, immer wieder zu betonen, das Abrißheck mache den Touring um fast 10 km/h schneller als die Limousine . . . Für 1000 Mark zusätzlich gab es sogar ein Rallye-Paket mit Aluminiumfelgen und Sportsitzen – das war noch nicht einmal für die Limousine lieferbar!

Ansonsten offerierte BMW den ersten Kombi seiner Geschichte mit fast allen Motoren der kleinen Modellreihe. Die Bezeichnungen lauteten: BMW Touring 1600, BMW Touring 2000 und BMW Touring 2000 tii. Den 1800 Touring sollte es erst zu einem späteren Zeitpunkt geben. Zwischen 666 Mark und 888 Mark, je nach Motorenver-

Mit Rückleuchten vom 1600-2: Glas-Stiefkind BMW 1600 GT.

Nur ein Jahr im Programm: 2002 turbo.

Die erste Version noch mit Typenschild „BMW 1600".

Ab 1967: Statt „BMW 1600" nur noch „1600".

Schöner Rücken: BMW 1600 Vollcabriolet.

Neue Modellversion ab 1971: Der 1802.

Gewöhnlich aus dieser Perspektive zu sehen: 2002 tii.

Die eckigen Rückleuchten waren die einschneidenste Design-Veränderung während der über zehnjährigen Produktionszeit.

Um den wuchtigen Eindruck des Bügels abzumildern, hatten die Baur-Techniker ein Ausstellfenster integriert.

sion, mußte die dreitürige Version teurer als die Limousine bezahlt werden.

Paul G. Hahnemann, der BMW mit seinem Gespür für die Nischen des Marktes aus der Krise gebracht hatte, war alles andere als ein Freund des Touring. Sein Hauptargument gegen das neue Modell war, daß die Produktionskapazitäten der BMW-Werke voll ausgelastet seien und ein Touring auf Kosten des meistverkauften Modells der Münchener, des 2002, gehen würde. Hahnemann hatte aber Gespür genug, um den Wünschen der Händler nach dem Schrägheck-BMW nachzukommen. Also beschloss er, wenigstens eine kleine Serie des Touring aufzulegen. „Wenigstens, um so zu tun, als ob", schrieb er 1988 rückblickend in einem Leserbrief anläßlich der Markteinführung des 3er-Touring.

Hahnemann ahnte wohl, daß der Markt noch nicht reif für den Touring und der Touring noch nicht reif für den Markt war. Zwar stießen Details wie die einzeln umklapp-

Immer noch offenherzig: Auch im 2002 Cabriolet mit Überrollbügel kamen Frischluftfans auf ihre Kosten.

baren Rücksitze und die große Heckklappe auf Zustimmung, die Ausführung des Konzeptes wurde jedoch recht unterschiedlich bewertet: So fand die „Frankfurter Allgemeine Zeitung" den Touring: „geräumig wie ein Coupé und schön wie einen Lieferwagen". Die „ADAC-motorwelt" meinte, der Kombi-Limousine mangele es „ausgerechnet da an Platz, wo sie von ihrer Konzeption her mehr haben müßte als die anderen – im Kofferraum". Tatsächlich war das Gepäckraumvolumen bei nicht umgeklappten Rücksitzen bescheiden. Nur 210 Liter standen zur Verfügung, 130 Liter weniger als bei der Limousine. Erst im Zwei- oder Drei-Personenbetrieb kam dem Touring seine Variabilität zugute – den knappen Knieraum auf der Rücksitzbank hatte er allerdings von der Limousine geerbt.

Doch auch am Design des Dreitürers schieden sich die Geister. So polterte beispielsweise das Enfant-terrible der deutschen Designer-Szene, Luigi Colani, in der „ADAC-motorwelt": „Die Münchner sollten mal ihren Schneider wechseln. Ich hab' Bertone im Verdacht, an eine BMW-Schnauze einfach einen Fiat-Hintern angenagelt zu haben, was als stilistisch mißlungen zu betrachten ist. Wenn man schon seitliche Scheuerleisten an Autos anbringt, dann sollten sie auch den äußersten Punkt der Karosserie bilden, sonst nützen sie herzlich wenig. Schlecht auch die Außenkanten des Karosseriehecks, die die Blinker zur Seite abdecken. Alles in allem: langweiliges Design, ein Rückschritt."

Sportives Accessoire gegen's Kombi-Image: Helm im Touring.

Auch viele andere empfanden das Schrägheck als unorganisch in die vorhandenen Karosserielinien eingefügt. Vielleicht war es aber auch nur der heute längst zur Gewohnheit gewordene, damals aber auffallende, Anblick einer kompakten Schrägheck-Limousine, der dem Touring Minuspunkte einbrachte. Tatsächlich kam er im Verkauf nie aus den Startlöchern heraus. Trotz der „Neuen Deutschen Sportlichkeit" – vertreten durch Manta und Capri – waren die Verkaufszahlen der 02-Reihe 1971 wieder äußerst erfreulich: 109 041 produzierte Limousinen und Coupés standen 90 407 Exemplaren des Vorjahres gegenüber. Erstmals übersprang damit eine BMW-Personenwagenserie die Zahl von 100 000 produzierten Fahrzeugen im Jahr. Der Herausforderung der etablierten Hersteller hatten die Münchener also glänzend Paroli bieten können – des Touring hätte es dabei gar nicht bedurft.

Die Suche nach einer Steigerung

Die BMW-Ingenieure hatten sich seit Einführung der Neuen Klasse nie auf ihren Lorbeeren ausgeruht. Also waren auch 1971 Überlegungen im Gange, wie das Programm der kleinen Modellreihe noch attraktiver gestaltet werden könnte. Die Motorenabteilung unter Alex von Falkenhausen dachte dabei natürlich in erster Linie an mehr Leistung. Über zwei Liter Hubraum ließ sich der Vierzylinder aber beim besten Willen nicht mehr bringen. Dazu hätten die Zylinder zusammengegossen werden müssen, wogegen sich von Falkenhausen strikt wehrte. Der 2,5 Liter-Sechszylinder paßte aber nicht in den kleinen Motorraum und einen neuen, kleinen Sechszylinder mit 2,3 Litern – den Paul G. Hahnemann in einem Telefongespräch mit „auto, motor und sport" schon im Oktober 1968 angekündigt hatte – gab es erst auf dem Reißbrett. Was also tun? Die Turbolader-Versuche des Tuners Michael May – er hatte schon 1969 diverse Fords mit Turboladern ausgerüstet und 1970 auch einen BMW 2002 mit Turbolader und 170 PS auf die Räder gestellt – waren in München auf Interesse gestoßen. Schließlich schien die Leistungssteigerung mittels Turbolader aufgrund der beengten Platzverhältnisse im 2002-Motorraum am geeignetsten. Außerdem liefen schon 1969 die Werks-Tourenwagen von Dieter Quester und Hubert Hahne teilweise mit Turbomotoren, die 270 PS leisteten. Anstatt sich des verhältnismäßig simplen May-Turbos zu bedienen, machte sich Alex von Falkenhausen schon Ende 1969 selbst an die Entwicklung eines Turbomotors. Statt des Einfach-Vergasers sollte auf jeden Fall eine Benzineinspritzung die Gemischaufbereitung des 170 PS Serien-Aggregats besorgen.

IAA 1973: Der Turbo macht Schlagzeilen

Es wurde August 1973, bis der Turbo endlich auf der Frankurter IAA vorgestellt wurde. Doch der vermeintliche neue Höhepunkt in der glänzenden Karriere der kleinen Limousine entpuppte sich als herber Schlag ins Wasser.

Dem Zeitgeist voraus und der Idee des neuen Verkaufschefs und Hahnemann-Nachfolgers Robert A. Lutz folgend, hatten es die Entwickler nicht bei der Motorenmodifikation belassen. Auch von außen sollte jetzt jeder erkennen, daß es der 2002 turbo faustdick unter der Motorhaube hatte. Der Turbo sollte, so Lutz, „die Leute vom Stuhl reißen". Also präsentierten die Bayern ihren stärksten 02-er mit Frontspoiler, aufgenieteten Kotflügelverbreiterungen, Heckspoiler, Schalensitzen und „Kriegsbemalung" (Der Spiegel). Auf dem Frontspoiler war in Riesenlettern der Schriftzug „2002 turbo" zu lesen – in Spiegelschrift!

Das hatte Folgen. Denn erstmals seit dem Ende des Zweiten Weltkrieges war 1971 in der Bundesrepublik eine öffentliche Diskussion über die ständig steigenden Zulas-

Gab es fast nur in den USA: 2002 mit Klimaanlage.

sungszahlen und den immer dichter werdenden Verkehr in Gang gekommen. Eine Auswirkung dieser Diskussion war die Neufassung der StVZO, die 1971 ein Tempolimit von 100 km/h auf Landstraßen einführte.

Ein erhebliches Ansteigen der Verkehrstoten im Jahr 1972 heizte die Debatte weiter an. Dem vorher so bedingungslos geliebten Auto haftete nun das Kainsmal des todbringenden Unfallverursachers an, viele stellten seine Zukunft im öffentlichen Nahverkehr generell in Frage. Der TÜV-Rheinland erarbeitete in Zusammenarbeit mit dem Deutschen Verkehrssicherheitsrat eine „inhaltsanalytische Untersuchung von Inseraten der Kraftfahrzeug-Hersteller". In der Untersuchung kamen die Psychologen zu dem Schluß, daß „. . .Auto-Produzenten selbst relativ sicherheitsbewußte Fahrer zu risikofreudigem, unfallträchtigem Fahren verleiten könnten". Und gerade der BMW-Werbung wurde attestiert, sie fördere einen rücksichtslosen, gefährlichen Fahrstil. Die durch die Werbung angestrebte Identifizierung mit Attributen wie „Sportlichkeit" und „Dynamik" hatte also übers Ziel hinausgeschossen. In der Tat sahen viele den „typischen BMW-Fahrer" als einen sich auf der linken Autobahnspur austobenden Rambo, bei dem die Niere im Kühlergrill und der starke Motor alle Konventionen vergessen ließen . . .

Da traten die Bayerischen Motoren Werke mit dem 2002 turbo vollends ins Fettnäpfchen. Die Kriegsbemalung des 2002 turbo veranlaßte sogar die SPD-Fraktion zu einer Anfrage im Bundestag, was die Bundesregierung gegen solche Auswüchse zu tun gedenke. Staatssekretär Ernst Haar vom Verkehrsministerium versicherte, derartige Entwicklungen würden „mit Sorge" beobachtet. Die Versuche von Städtebauminister Hans-Jochen Vogel, die Autos aus den Innenstädten herauszuhalten, veranlaßten den CSU-Vorsitzenden Franz-Josef Strauß wiederum zu der Bemerkung: „Jetzt hat der Vogel ein neues Ziel: Früher waren es die Jusos, heute sind es die Autos." „auto,

Das Touring-Konzept wurde erst 1987 erneut von BMW aufgegriffen.

motor und sport" sprach angesichts der sinkenden Bereitschaft des Bundes zum Ausbau des Individualverkehrs, vom „Auto-Bann aus Bonn".

Allen gegensätzlichen Beteuerungen zum Trotz: Die hohen Wellen im Vorfeld der IAA verfehlten ihre Wirkung auf die BMW-Oberen nicht. Noch in der Nacht vor Ausstellungsbeginn veranlaßte Lutz, die Spiegelschrift am Ausstellungs-Turbo zu entfernen. Auch auf den ersten ausgelieferten Turbos im Januar 1974 fehlte die „Kriegsbemalung" – sie waren weiß oder silber-metallic. Dabei sah Lutz das Hauptproblem keineswegs beim Turbo: „Unser Problem sind die extrem jungen Fahrer, die sich einen gebrauchten BMW kaufen und durch ruppige Manieren unserem Image schaden."

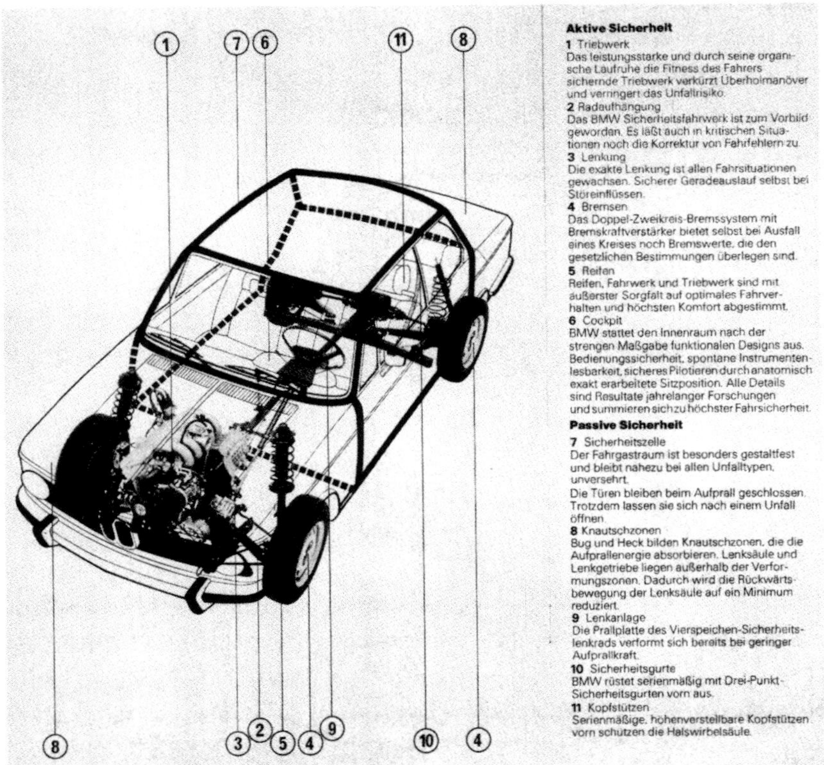

Die Fahrgastzelle war außerordentlich stabil.

Zwiespältiger Eindruck: Hohe Leistung – kein Durchzug

Das martialische Aussehen des 2002 turbo wurde nur noch durch seine Fahrleistungen übertroffen: Gerade mal 7,1 Sekunden vergingen im Spurt von 0 auf 100 km/h, nach 26,8 Sekunden zeigte die Tachonadel bereits Tempo 180. Auch die Höchstgeschwindigkeit war – trotz schlechter Aerodynamik – beeindruckend: 211,8 km/h zeigte das Meßgerät der Auto-Tester; damit konnten 2002 turbo-Fahrer selbst einen Porsche 911 hinter sich lassen. Außerdem war bewiesen, daß die 170 PS des von Alex von Falkenhausen entwickelten Einspritz-Turbos erheblich besser im Futter standen als die des Tuners Michael May, der bereits 1970 einen 2002 mit 170 PS und Turbolader angeboten hatte (siehe Tuning-Kapitel).

Dennoch kamen die Tester zu keinem positiven Urteil über den Turbo: „Kein anderes Auto in dieser Preis- und Leistungsklasse bietet so viel Phlegma und so viel Rasanz in einer Person.“ Ursache dieses scheinbar widersprüchlichen Urteils war die für die ersten Turbomotoren typische Eigenart, im unteren Drehzahlbreich saft- und kraftlos zu wirken, um dann, wenn die Abgasturbine einmal genügend Druck aufgebaut hatte, umso unvermittelter und heftiger zur Sache zu kommen. Diese für den Rennsport geeignete Auslegung provozierte im Straßenverkehr eher Verdruß. Der 2002 tii war einfach das harmonischere Auto. Wer spektakuläre Fahrleistungen mit gutem Durchzug kombiniert haben wollte, konnte sich bei den zahlreichen Tunern umsehen.

Erkennbar am Typenschild: Die L-Ausstattung gab es ab 1973.

Auch zeitbedingte Umstände ließen den Turbo als fragwürdigste Modellversion erscheinen. Die Ölkrise, mit Sonntagsfahrverboten, Tempo 100 auf der Autobahn und steigenden Benzinpreisen, lähmte von Dezember 1973 an die internationale Automobilindustrie. Benzin, das bisher in unendlicher Menge vorhanden zu sein schien, war nun plötzlich knapp und teuer geworden. Autos wie der Turbo schienen da nicht mehr zeitgemäß. Kein Wunder, daß die Bayerischen Motoren Werke die Produktion des 2002 turbo bereits im Dezember 1974 wieder einstellten. Nicht nur die mangelnde Nachfrage – ganze 1500 Exemplare waren vom Band gelaufen – hatte eine Rolle gespielt. Es war vor allem jenes zweifelhafte Image des Turbo, das, wie seine Erbauer befürchteten, der ganzen Marke schadete.

Auch die Besitzer des seltensten 02 dürften mit ihrer Sportskanone nicht allzu glücklich geworden sein. Vor allem Probleme an der Auspuffanlage, die viel zu heiß wurde, verhinderten einen ungetrübten Leistungsgenuß.

Letztes großes Facelifting: Die ’73er Modelle

Der Turbo war 1973 nicht die einzige Neuheit bei den „kleinen“ Modellen von BMW gewesen. Im gleichen Jahr stand ein weiteres Face-Lifting auf dem Programm:

Äußerlich waren die neuen Modelle an den – wie beim 2002 turbo – rechteckigen Rückleuchten sowie am durchgehenden Kühlergrill mit der vergrößerten Niere zu erkennen. Auch die Innenausstattung änderte die BMW-Entwicklungsabteilung ein weiteres Mal. Die oft kritisierten Sitze paßte sie denen des 520 an, Kopfstützen waren allerdings nur in der neu eingeführten L-Ausstattung serienmäßig, ebenso wie die selbstaufrollenden Automatik-Gurte. Der Blinkerhebel wanderte bei den ’73er Modellen endlich normgerecht an die linke Lenkradseite. Die L-Ausstattung unterschied sich noch durch weitere Details von der Normal-Ausführung: Statt aus schwarzem Kunststoff bestand die Instrumenteneinfassung im Armaturenbrett nun aus edlerem Holzimitat, das Vierspeichenlenkrad mit der großen Prallplatte aus dem 520 sollte vor allem der Sicherheit dienen. Auch eine heizbare Heckscheibe, ein Scheibenwischer-Intervallschalter, der abblendbare Innenspiegel sowie die ausklappbare Armlehne in der Rücksitzlehne erfreuten die Käufer der L-Version. Mit 695 Mark schlug der zusätzliche Luxus für alle Motorversionen zu Buche.

Auch ein „L-Feature“: herausklappbare Mittelarmlehne

Die IAA 1973 brachte aber auch technische Änderungen. Ein Drehzahlbegrenzer, der ungestümen Drehorgien nun bei 6400 U/min ein Ende bereitete, sollte Motorschäden vorbeugen, die vergrößerten Vor- und Nachschalldämpfer reduzierten das Geräuschniveau. Der von 45 auf 51 Liter vergrößerte Tank ließ die oft monierte knappe Reichweite um 60–80 Kilometer wachsen. Und die Zweiliter-Modelle leuchteten die Fahrbahn von nun an nachts serienmäßig mit H 4-Licht aus.

Das Touring-Programm beschnitten die Produktplaner aufgrund der enttäuschenden Verkaufszahlen schon zwei Jahre nach seiner Einführung drastisch auf die Typen 1800 touring und 2000 touring. Im Gegensatz zu den Limousinen behielt der Touring aber die runden Dreikammer-Rückleuchten.

Ringfrei zur letzten Runde: Mit schwarzem, einteiligen Kühlergrill präsentierte sich die 02-Serie zuletzt.

Spürbare Aufwertung: Die L-Ausstattung verlieh dem kleinen BMW einen Hauch von Luxus.

1974: Aus für den Touring

Die Programm-Straffung gewährte dem Touring freilich nur eine Gnadenfrist. Bereits 9 Monate später, im Juli 1974, ließ BMW die Produktion des ersten Schrägheck-BMW ganz auslaufen. Der Mut, neue Wege zu gehen, war von den Käufern nicht honoriert worden: Ganze 25 827 Kunden hatten sich von 1971 bis 1974 für den Dreitürer entschieden. Eine weitere Produktion wäre aus Rentabilitätsgründen unsinnig gewesen, zumal der Dreitürer auch alles andere als ein Image-Träger war. 13 Jahre sollte es dauern, bis sich die Bayern erstmals wieder an einen Kombi wagten. Mit seinem Vorgänger hat der fünftürige 3er-Touring freilich nur den Namen gemein.

Nachgeburt der Ölkrise: Der 1502

Die Ölkrise hatte BMW schwer zugesetzt: Im Dezember 1973 sanken die Verkäufe um dramatische 65 Prozent. Anlaß für den Vorstand, den kleinen BMW mit einer kleineren Maschine auszurüsten und damit dem Beispiel der anderen Autohersteller zu folgen, die auf einmal „Sparmodelle" aus dem Hut zauberten. Auf den ersten Blick bot sich der 1,5-Liter Motor aus dem alten BMW 1500 an. Aber: Die Herstellungskosten für einen solchen Motor wären die gleichen gewesen wie für den 85 PS-Motor des 1602. Für seine Produktionseinführung hätten zudem andere Zylinder gegossen und neue Werkzeuge installiert werden müssen. In die „Sparversion" auch noch zu investieren – dazu fanden sich die BMW-Manager dann doch nicht bereit.

Erheblich sympathischer war ihnen da schon der Vorschlag von Entwicklungschef Bernhard Osswald, den 1,6 Liter-Motor auf Normalbenzin auszulegen und somit in der Leistung zu senken. Schließlich konnte so das preiswerte Gleichteile-Prinzip eingehalten werden. Außerdem gerieten Normalbenzin-Autos im Zuge der Energiekrise (zu Unrecht) in den Ruf, die energiefreundlicheren Autos zu sein, und verkauften sich dementsprechend besser.

Tatsächlich verfügte dann der 1502 über den Motor des 1602. Statt eines Verdichtungsverhältnisses von 8,6:1, komprimierte der 1502 das Benzin-Luft-Gemisch aber nur im Verhältnis 8,0:1. Damit vertrug der Motor Normalbenzin und leistete 75 PS.

Um das neue Modell eindeutig als Sparmodell auszuweisen, mußte der 1502 natürlich billiger als der 1602 sein. Den Herren mit dem Rotstift standen harte Rechenexempel bevor, schließlich war schon der 1602 ziemlich knapp kalkuliert und der Motor des 1502 in der Herstellung keinen Pfennig billiger als der des 2002! Die Ausstattung mußte also radikal abgespeckt, Zugeständnisse bei der Materialqualität gemacht werden, bis der 1502 im Januar 1975 mit einem Minderpreis von knapp 1000 Mark gegenüber dem 1602 präsentiert werden konnte. Beispiele für die Kostenreduzierung: Statt der Doppel-Zweikreis-Bremse verzögerte im 1502 nur eine normale Zweikreisbremse, statt der 630 Watt starken Drehstromlichtmaschine der übrigen Typen leistete die des 1502 nur 490 Watt und statt einer 44 Ah-Batterie gab es im Sparmodell nur einen 36 Ah-Akku. Von außen erkannten Insider den 1502 außer an der Typenbezeichnung noch an den fehlenden seitlichen Zierleisten sowie den schlichten Schlitzscheibenrädern gegenüber den gelochten Felgen der stärkeren Typen. Und: Auf die vorderen Ausstellfenster mußten 1502-Fahrer außerdem verzichten.

Mit dem Serienanlauf des 1502 hatte die 02-Typenpalette ihre bis dahin größte Vielseitigkeit erreicht. Die Fans der kleinen Limousinen konnten jetzt Motoren zwischen 75 und 170 PS wählen, wobei der 1502 mit 11.390 und der 2002 turbo mit 20.780 Mark zu Buche stand.

Neuigkeiten kündigen sich an: Der 3-er steht vor der Tür

Wer allerdings gedacht hatte, die Einführung des 1502 sei Auftakt einer 02-Renaissance, hatte sich getäuscht. Schon im Herbst 1974 waren in den Automobil-Zeitschriften immer häufiger Erlkönig-Fotos von einem neuen, kompakten BMW zu sehen. Damit war nicht nur Insidern klar, daß die Bayerischen Motoren Werke mit einer neuen Karosserieform für ihre kleine Modellserie nicht mehr lange warten würden.

Serienmäßiger Drehzahlmesser, Vierspeichen-Lenkrad und Armaturenbrett mit Holzimitat im 2002 tii

Klar war auch, daß der Neue nicht mehr die 02-Typenbezeichnung tragen würde. Nach der Präsentation des BMW 520, der 1972 die viertürige 1800/2000-Typenreihe ablöste und die „5-er-Tradition" des 501, 502, 503 und 507 fortsetzte und der anschließenden Vorstellung des 518, des 525 und des 528 war das neue Konzept der Typengliederung klar. Die erste Ziffer sollte jeweils die Zugehörigkeit zur Baureihe, die beiden anderen Ziffern den Hubraum erkennen lassen. Schon bald sickerte durch, daß die erste Ziffer der neuen Baureihe die 3 sei. Einen Vorgeschmack auf ihre neue kompakte Baureihe gewährten die Bayerischen Motoren Werke den Kunden der 02-Baureihe ab Februar 1975: Bei der letzten Modellpflegemaßnahmen bekam die erfolgreiche Modellserie bereits die Vordersitze des Nachfolgers.

BMWs (etwas verspätete) Antwort auf die Ölkrise: Der 1502.

Auf bestimmte Art läutete der 1502 dann allerdings doch eine 02-Renaissance ein: Die ungeliebte, aus der Not geborene Sparversion avancierte in den letzten Monaten der 02-Produktion zur meistverkauften Version des Programms.

Juni 1975: Eine Ära geht zu Ende

Im Juni 1975 war es dann soweit: Nach neun Jahren wurde der bis dahin erfolgreichste Typ der BMW-Geschichte durch seinen Nachfolger, den 3-er, abgelöst. Die Bedeutung, die dieses Fahrzeug für BMW letztlich hatte, erklärt sich nicht allein aus den knapp 800 000 Exemplaren, die bis 1975 von der kleinen Limousine produziert wurden. Wie kein anderes Auto zuvor hatte der 02 das sportliche Image der Bayerischen Motoren Werke festigen und so der Marke BMW ein unverwechselbares Profil geben können. Und das nicht nur durch zahllose Sportererfolge: Die „Freude am Fahren", von der in den BMW-Anzeigen jener Zeit so oft die Rede war, ließ sich neun Jahre lang in keinem Auto besser „erfahren" als im 02.

Die Ablösung galt allerdings zunächst nur für den europäischen Markt. Weil BMW den 3er in den USA erst sehr viel später vorstellte, lief der 2002 in der US-Version bis Februar 1976 von den Münchener Bändern, die US-Version des 2002 Automatic sogar bis Juli 1976.

An Knackigkeit eingebüßt: Der 3-er

Die guten Eigenschaften, die den 02 über Jahre so beliebt gemacht hatten, waren bei den ersten 3-er Typen etwas verwässert. Ein wesentlicher Vorteil der 02-Typenreihe war stets das niedrige Gewicht gewesen, der neue 316 wog immerhin 70 kg mehr als der 1602. Um die Fahrleistungen der neuen Typen nicht ins Hintertreffen geraten zu lassen, rüstete die Motorenentwicklung die ansonsten – bis auf die Umstellung auf Normalbenzin – fast unveränderten Vierzylinder mit den Dreikugelwirbelwannen-Brennräumen der Sechzylinder aus. Ergebnis: Der 1,6 Liter Motor des 316 leistete statt 85 nun 90 PS, der 1,8 Liter des 318 statt 90 nun 98 PS und der 2 Liter-Motor des 320 statt 100 nun 109 PS. Trotzdem waren, zumindest in der Beschleunigung, die alten Typen den neuen überlegen, die zudem mehr Benzin verbrauchten. Nur in der Höchstgeschwindigkeit gelang es den 3ern aufgrund ihrer besseren Aerodynamik, den 02-Typen davonzufahren.

Auch die Konkurrenz hatte in den neun Jahren seit Produktionsbeginn der 02-Reihe natürlich nicht geschlafen. Leistungs- und fahrwerksmäßig hatten VW, Opel und Ford längst zu BMW aufgeschlossen. Golf GTI, Kadett GT/E und Escort RS 2000 waren den ehemals so überlegenen kompakten BMWs dicht auf den Fersen. Der neue 3er, komfortbetonter als der 02, enttäuschte die BMW-Fans, die den alten Abstand ersehnten und ein ähnlich „knackiges" Auto wie den 02 erwartet hatten. Die Enttäuschung wuchs im November 1975 mit der Premiere des 320i, dem Nachfolger des 2002 tii, der sogar fünf PS weniger als sein Vorgänger leistete – obwohl er wie dieser Superbenzin benötigte.

Profilierte Sitze und Lederlenkrad: Sportflair im turbo.

Was die Fans nicht wissen konnten: Bereits seit Anfang der siebziger Jahre arbeitete die BMW-Motorenabteilung fieberhaft an einem neuen, kleinen Sechszylinder. Schon 1973 hatte Alex von Falkenhausen in seinen privaten 2002 einen solchen Motor eingebaut, der später neue Maßstäbe in der Laufkultur von Hubkolbenmotoren setzte. 2,3 Liter hatte dieses Versuchsaggregat, die Leistung: 150 PS. Doch es sollte August 1977 werden, bis dieser Motor endlich seine Serienfreigabe erhielt und als Zweiliter-Motor mit 122 PS im 320 sowie als 2,3 Liter-Motor mit 143 PS im 323i angeboten wurde. Speziell mit dem 323i gelang es BMW, wieder an die alte 2002 tii-Tradition anzuknüpfen.

Letztes Kapitel: Der 1502

Bis August 1977 stand 02-Fans auch noch der 1502 zur Verfügung. Die einstige Verlegenheits-Lösung hatte sich prächtig entwickelt und verkaufte sich auch nach dem Serienanlauf des 3ers noch ausgezeichnet. Als mit dem letzten 1502 der endültig letzte 02er vom Band lief, konnte der schwächste BMW sogar für sich in Anspruch nehmen, mit 71 976 Exemplaren trotz nur zweijähriger Bauzeit immerhin der viertmeist verkaufte 02-Typ zu sein.

Sein Erfolgsgeheimnis: Der 1502 war ein relativ preiswerter BMW-Einstieg gewesen. Zuletzt kostete er 13.380 Mark, ganze 1600 Mark weniger als ein BMW 316. Zwar hatte er den Nachteil des nun wirklich nicht mehr ganz taufrischen Äußeren, in den Fahrleistungen blieb er aufgrund seines niedrigen Gewichts aber nur knapp hinter dem 316 zurück. Schon bei der Einführung des 1502 schrieb „auto, motor und sport": „Wer nun angesichts der um knapp zwölf Prozent geringeren Leistungsausbeute den 1502 für temperament- und kraftlos hält, wird angenehm überrascht. Im Fahrbetrieb macht der kleine BMW, dessen Getriebe- und Hinterachsübersetzung mit der des 10 PS stärkeren 1602 identisch ist, einen recht munteren Eindruck." Ständiges Ärgernis beim „Sparmodell" blieb allerdings der hohe Benzinverbrauch des Drosselmotors: Rund zwölf Liter flossen durch den 38er-Fallstromvergaser, über zwei Liter mehr, als ein BMW 1602 oder 316 benötigte.

Einen direkten Nachfolger des 1502 sollte es allerdings erst im Februar 1981 geben. Kurz vor Präsentation der neuen Dreier-Reihe lancierte BMW den 315 – wieder mit 75 PS. Er spielte bis 1983 die Rolle, die sechs Jahre zuvor der 1502 gespielt hatte. Parallel zum neuen Typ weitergebaut, war die schwächste Version des alten Typs die billigste Möglichkeit des – wie es in der Werbung hieß – Einstiegs zu einer großen Marke: BMW.

Der 1502 avancierte zum Erfolgsmodell und überlebte – parallel zur 3er-Reihe gebaut – die anderen Typen der 02-Serie um zwei Jahre.

Die Gestaltung des Freiraums zwischen den Heckleuchten löste Kritik aus und wurde bald mit einer schwarzen Leiste kaschiert.

Der Nachfolger: Die 3er-Reihe verwässerte das 02-Konzept – ihrem Erfolg tat das allerdings keinen Abbruch.

Der Erfolg hat viele Väter . . .

Gute Autos bauen reicht nicht . . .

Den steilen Aufstieg, den BMW in den Sechziger Jahren nahm, nur auf technische Aspekte der „Neuen Klasse“ und der 02-Serie zu reduzieren hieße, einen entscheidenden Faktor zu vergessen: Eine völlig neue Marketingstrategie, die BMW bis heute eine exklusive Marktposition sichert.

1961 war die autointeressierte Öffentlichkeit in Deutschland geschockt: Nach den Werksferien liefen bei den Borgward-Werken in Bremen die Fließbänder nicht wieder an. Die seit dem Frühjahr unter der Regie des vom SPD-Senat eingesetzten „Sanierers“ Johannes Semler geführte Automobilfirma mußte Konkurs anmelden.

Der Schock saß deshalb so tief, weil Borgward anerkanntermaßen gute Autos gebaut hatte: Technisch anspruchsvoll und formschön hatte die „Isabella“ in der Mittelklasse der Fünfziger Jahre eine herausragende Position inne. Doch unwirtschaftliche Firmenstrukturen, ein chaotisches Typenprogramm und der zum Fehlschlagen verurteilte Versuch des – gemessen an Volkswagen, Opel oder Ford – relativ kleinen Privatunternehmers, mit der „Arabella“ in die Großserie einzusteigen, trieben das Unternehmen in eine Liquiditätskrise, aus der es sich aus eigener Kraft nicht mehr befreien konnte.

Gute Autos zu bauen reichte also anscheinend nicht, wenn das Gesamtkonzept des Unternehmens nicht stimmte – wenigstens diese Erfahrung lehrte der Borg-

BMW in München: Unter der Führung von Paul G. Hahnemann wuchs die Firma von 1961 bis 1971 zur Weltmarke.

Wichtiger Image-Faktor: Solche Startfelder sicherten BMW endgültig den Ruf als Hersteller sportlicher Limousinen.

Prägten das BMW-Image bis in die Sechziger: Vorkriegserfolge.

ward-Zusammenbruch. Bei BMW lagen die Probleme in den Fünfziger Jahren zwar anders als bei Borgward, aber auch in Milbertshofen krankte es, wie in Bremen, an einer konfusen Firmenstruktur und Unternehmensplanung. Um der arg gebeutelten Marke zu neuem Erfolg zu verhelfen, mußte also nicht nur anspruchsvolle Technik, sondern ein völlig neues Marketingkonzept her.

Die Entdecker der Nische:

Paul G. Hahnemann und Prof. Bernt Spiegel

BMW brauchte wieder einmal neue Männer: Der Neue, der die kranken Strukturen heilen und ein neues Marketingkonzept entwickeln sollte, trat im Herbst 1961 – also zeitgleich mit dem Niedergang Borgwards und der Präsentation des BMW 1500 – bei den Bayerischen Motoren Werken ein: Paul G. Hahnemann.

Hahnemann war über die Adam Opel AG in die Automobilindustrie gekommen. Von 1957 bis 1961 arbeitete er als Marketing-Chef der Auto Union, bis er, nach der Übernahme der Auto Union durch Daimler-Benz schon als Borgward-Sanierer im Gespräch, zu den Bayern wechselte.

Der gebürtige Straßburger sah das Heil in einer nach Marketinggesichtspunkten ausgerichteten Produktpla-

Martialisches Auftreten: Der 2002 turbo mit aggressiver Kriegsbemalung entsprach nicht dem Ölkrisen-Zeitgeist von 1973.

nung und beauftragte den Mannheimer Psychologie-Professor und Marktforscher Dr. Bernt Spiegel mit einer Analyse des BMW-Images. Spiegel hatte nämlich dem BMW-Verkaufschef seine „Nischen"-Theorie erläutert. Dieses Modell, das für BMW so wichtig werden sollte, sah folgendermaßen aus: Jedes Produkt läßt sich anhand bestimmter Eigenschaftsdimensionen beschreiben: ein Automobil etwa mithilfe der Dimensionen sportlich-bequem oder preiswert-teuer. Hahnemann und Spiegel suchten nun in zahlreichen Marktforschungsuntersuchungen nach einer Marktlücke, die von anderen Herstellern bislang nicht besetzt war. Genau dort mußte BMW künftig Autos verkaufen können.

Überraschend: Ein strahlendes Image

Bei der Marktforschung-Suche traten einige bemerkenswerte Details zutage: Das BMW-Image war überraschend positiv. Nicht nur bei den Älteren, die BMW noch mit den Lorbeeren der Vorkriegszeit – etwa dem BMW 328, dem Mille-Miglia-Sieg 1939 oder den grandiosen Motorrad-Erfolgen – in Verbindung brachten. Auch die jüngere Generation verknüpfte mit BMW durchweg positive Vorstellungen.

Mit Eigenschaften wie „liebenswürdige, aber gediegene, keine pompöse Eleganz", „Beschwingtheit", „kein amtlicher Zuschnitt" oder „unprätentiöse Kultiviertheit" ließ sich das BMW-Image umschreiben. Hunderte von befragten Personen verbanden mit dem Namen BMW Einzelvorstellungen wie „sportlich", „jugendlich", „handlich", „gediegen in der Ausführung", „fortschrittlich", „exklusiv, aber nicht protzig" und „wertbeständig".

Das überraschte umso mehr, als das Gros der in jener Zeit im Straßenverkehr präsenten BMWs eben aus jenen winzigen Isetten oder altbackenen Großwagen bestand, von denen diese positiven Vorstellungen kaum ausgehen konnten. Unter dem Strich ergab sich: Die rabenschwarzen Fünfziger Jahre, von Kleinwagen und Barockengeln geprägt, hatten anscheinend keine Flecken auf der weißen Image-Weste hinterlassen.

	BMW 1602	BMW 1802	BMW 2002	BMW 2002 Tii	ALFA ROMEO 1600	AUDI 80 GL	OPEL COMMODORE GS/E Coupé	PORSCHE 911 S
Hubraum ccm	1573	1766	1990	1990	1570	1470	2753	2341
Leistung DIN PS (KW)	85 (62,5)	90 (66,2)	100 (73,5)	130 (95,6)	103 (76)	85 (63)	160 (118)	190 (140)
Leistung SAE PS (KW)	96 (70,9)	102 (75,4)	113 (83,5)	147 (108,6)	119 (88)	97,8 (72,3)	184 (136)	210 (155)
Zylinder	4	4	4	4	4	4	6	6
Max. Drehmoment mkp/Upm	13,2/3500	14,6/3000	16,0/3500	18,1/4500	14,2/2900	12,3/4000	23,3/4200	22,0/5200
Beschleunigung 0–100 km/h	12,8 sec.	11,8 sec.	10,9 sec.	9,4 sec.	11,0 sec.	12,4 sec	9,3 sec.	7,0 sec.
Höchstgeschwindigkeit km/h	160	165	170	186	175	170	200	230
Verbrauch DIN (70030)	9,6 ltr.	9,9 ltr.	10,0 ltr.	8,8 ltr.	11,5 ltr.	8,6 ltr.	11,0 ltr.	14,2 ltr.
Länge/Breite/Höhe (mm)	4230/1590/1410	4230/1590/1410	4230/1590/1410	4230/1590/1410	4160/1560/1430	4175/1600/1372	4607/1728/1370	4147/1610/1320
Radstand (mm)	2500	2500	2500	2500	2510	2470	2668	2271
Spur vorn/hinten (mm)	1348/1348	1348/1348	1348/1348	1348/1348	1324/1274	1340/1335	1450/1400	1372/1354
Wendekreis Ø (m)	10,5	10,5	10,5	10,5	12,0	10,5	15,5	10,7
Vorderachse	Einzelrad-aufhängung	Einzelrad-aufhängung	Einzelrad-aufhängung	Einzelrad-aufhängung	Einzelrad-aufhängung	Einzelrad-aufhängung	Einzelrad-aufhängung	Einzelrad-aufhängung
Hinterachse	Einzelrad, Schräglenker	Einzelrad, Schräglenker	Einzelrad, Schräglenker	Einzelrad, Schräglenker	Starrachse	Einzelrad, Kurbelachse	Starrachse	Einzelrad, Längslenker
Bremssystem	Doppel-2-Kreis	Doppel-2-Kreis	Doppel-2-Kreis	Doppel-2-Kreis	2-Kreis	2-Kreis (Diagonal)	2-Kreis	2-Kreis
Leergewicht	970 kg	970 kg	990 kg	990 kg	1040 kg	850 kg	1240 kg	1075 kg
Zuladung	400 kg	400 kg	400 kg	400 kg	460 kg	425 kg	420 kg	325 kg
Anhängelast, gebremst	1200 kg	1200 kg	1200 kg	1200 kg	800 kg	850 kg	1050 kg	–
Tankinhalt	46 ltr.	46 ltr.	46 ltr.	46 ltr.	46 ltr.	46 ltr.	70 l	85 ltr.
Preis incl. MWST								

BMW 1602 – Meinung der Tester: **mot-autojournal**

positiv:
Motor kultiviert und elastisch, sehr ausgereift. Drehzahlbegrenzer. Besonders sparsam im Kraftstoffverbrauch.

negativ:
Rücksitzraum knapp. Hinter großem Fahrer wenig Knieraum. Federung bei voller Belastung hart. Windgeräusche. Lüftung schwach. Tank etwas klein.

BMW 1802 – Meinung der Tester: **mot-autojournal**

positiv:
Motor kultiviert und elastisch, sehr ausgereift. Drehzahlbegrenzer. Besonders sparsam im Kraftstoffverbrauch.

negativ:
Rücksitzraum knapp. Hinter großem Fahrer wenig Knieraum. Federung bei voller Belastung hart. Windgeräusche. Lüftung schwach. Tank etwas klein.

BMW 2002 – Meinung der Tester: **mot-autojournal**

positiv:
Motor kultiviert und elastisch, sehr ausgereift. Drehzahlbegrenzer. Kraftreserven aus dem Hubraum. Auch mit Automatik spurtkräftig.

negativ:
Rücksitzraum knapp. Hinter großem Fahrer wenig Knieraum. Federung bei voller Belastung hart. Windgeräusche. Lüftung schwach. Tank etwas klein.

BMW 2002 Tii – Meinung der Tester: **mot-autojournal**

positiv:
Motor kultiviert und elastisch, sehr ausgereift. Drehzahlbegrenzer. Kraftreserven aus dem Hubraum. Einspritzmotor mit extrem hoher Leistung ohne Empfindlichkeiten.

negativ:
Rücksitzraum knapp. Hinter großem Fahrer wenig Knieraum. Federung bei voller Belastung hart. Windgeräusche. Lüftung schwach. Tank etwas klein.

ALFA ROMEO 1600 – Meinung der Tester: **auto-motor-sport**

positiv:
Kompakte Limousine mit betont sportlich konzipierter Technik. Sehr gute Fahrleistungen. Gute Handlichkeit durch leichtgängige Lenkung. Reichhaltige Ausstattung.

negativ:
Starkes Motorbrummen. Begrenzter Federungskomfort. Großer Wendekreis-Durchmesser. Hinterräder überbremsen leicht. Keine elektrische Scheibenwaschanlage.

AUDI 80 GL – Meinung der Tester: **auto-motor-sport**

positiv:
Sparsamer, elastischer Motor. Gute Fahrleistungen. Ausgezeichnete Fahreigenschaften. Guter Fahrkomfort.

negativ:
Kräftiges, lautes Motorgeräusch. Antriebsschütteln in der Lenkung. Mager ausgestatteter Kofferraum. Schlechte Sicht nach hinten beim Rückwärtsfahren in Parklücken. Beim 2-türigen Wagen schmaler Einstieg in den Fond. Rückenlehnen der Vordersitze zu kurz.

OPEL COMMODORE GS/E Coupé – Meinung der Tester: **mot-autojournal**

positiv:
Motor besonders leistungsfähig und kultiviert. Hervorragende Beschleunigung. Sehr gute Handlichkeit. Servolenkung serienmäßig. Auf guter Fahrbahn gute Spurstabilität. Reichhaltige Instrumentenausstattung. Gut gepolsterte Sitze.

negativ:
Sehr harte Federung. Kleiner, flacher Kofferraum. Wenig Zuladung. Knieraum vor den Fondsitzen zu knapp. Geringe Kopfhöhe. Seitliche Schutzleisten nur gegen Aufpreis. Tankstutzen ungünstig angelegt. (Starke Überlaufneigung.) Hoher Wertverlust. Wiederverkauf in dieser Klasse schwierig.

PORSCHE 911 S – Meinung der Tester: **auto-motor-sport**

positiv:
Überzeugende Fahrleistungen. Sehr elastischer Motor. Gemessen an den Fahrleistungen günstiger Verbrauch. Ausstattung auf den sportlichen Charakter des Wagens zugeschnitten.

negativ:
Nur 2/2 Sitzer. Kein Platz im Fond für Mitfahrer. Kleiner Kofferraum. Lauter Motor. Harte Federung. Bei hohen Geschwindigkeiten verminderte Richtungsstabilität.

	BMW 2002 turbo	ALFA 2000 GTV	FORD CAPRI RS	JENSEN HEALEY	OPEL MANTA 1,9 SR	FORD TAUNUS GXL 1,6
Hubraum ccm	1990	1962	2634	1973	1897	1576
Leistung DIN PS (KW)	170 (125)	131 (96)	150 (110)	140 (103)	90 (66)	88 (64,7)
Leistung SAE PS (KW)	196 (145)	150 (111)	173 (128)	161 (119)	104 (77)	101 (75)
Zylinder	4	4	6	4	4	4
Max. Drehmoment mkp/Upm	24,5/4000	20,8	21,95 /4000	18,0/5000	14,9/2500–3100	12,7/4000
Beschleunigung 0–100 km/h	ca. 6,9 sec.	10,1 sec.	8,0 sec.	8,9 sec.	12,5 sec	13,6 sec.
Höchstgeschwindigkeit km/h	ca. 211	195	215	191,5	170	162
Verbrauch DIN (70030)	ca. 10,5 ltr.	13,1 ltr.	13,8 ltr.	11,2 ltr.	8,7 ltr.	10,3 ltr.
Länge/Breite/Höhe (mm)	4220/1620/1410	4100/1580/1315	4240/1670/1280	4113/1606/1210	4343/1632/1355	4267/1701/1359
Radstand (mm)	2500	2350	2559	2337	2430	2578
Spur vorn/hinten (mm)	1362/1362	1324/1274	1392/1322	1354/1332	1331/1320	1422/1422
Wendekreis Ø (m)	10,5	10,4	11,7	10,5	10,7	11,5
Vorderachse	Einzelrad-aufhängung	Einzelrad-aufhängung	Einzelrad-aufhängung	Einzelrad-aughängung	Einzelrad-aufhängung	Einzelrad-aufhängung
Hinterachse	Einzelrad, Schräglenker	Starrachse	Starrachse	Starrachse	Starrachse	Starrachse
Bremssystem	Doppel-2-Kreis	2-Kreis	2-Kreis	2-Kreis	2-Kreis	2-Kreis
Leergewicht	1080 kg	1040 kg	1080 kg	980 kg	970 kg	1020 kg
Zuladung	360 kg	320 kg	325 kg	229 kg	365 kg	425 kg
Anhängelast, gebremst		1000 kg			850 kg	1000 kg
Tankinhalt	70 ltr.	53 ltr.	60 ltr.	50 ltr.	45 ltr.	54 ltr.
Preis incl. MWST						

ALFA 2000 GTV – Meinung der Tester: **mot-autojournal**

positiv:
Sehr gute Fahrleistungen. Elastischer, drehfreudiger Motor. Im Verhältnis zu den Fahrleistungen normaler Verbrauch. Gute Ausstattung. 5-Gang-Getriebe. Günstiger Preis.

negativ:
Wenig Platz im Fond. Geringe Zuladung. Schlechte Verarbeitungsqualität. Harte Federung. Wagen liegt auf schlechten Fahrbahnen unruhig.

FORD CAPRI RS – Meinung der Tester: **auto-motor-sport**

positiv:
Sehr gute Fahrleistung. Gute Elastizität des Motors im unteren bis mittleren Drehzahlbereich. Getriebe gut schaltbar. Reichhaltige Ausstattung.

negativ:
Wenig Spurtreue bei hoher Geschwindigkeit. Schlecht abgestimmte Federung. Mäßiger Fahrkomfort.

JENSEN HEALEY – Meinung der Tester: **auto-motor-sport**

positiv:
Elastischer, drehfreudiger Motor, 16 Ventile. Gute Fahrleistung. Geringer Verbrauch. Leichtgängige, exakte Schaltung.

negativ:
Schlechte Karosserie- und Detailverarbeitung. Kleiner Kofferraum. Umständliche Verdeckbedienung beim Hardtop. Harte, schlecht abgestimmte Federung. Unexakte Lenkung.

OPEL MANTA 1,9 SR – Meinung der Tester: **mot-autojournal**

positiv:
Attraktive Karosserie. Gesunde, ausgereifte Konstruktion. Gediegene Verarbeitung. Günstige Innenabmessungen. Angemessener Kofferraum. Exakte Lenkung. Gut beherrschbares Fahrwerk. Gute Ausstattung. Motor ohne Probleme.

negativ:
Schlechte Sicht nach hinten. Form und Maße der Sitze nicht ideal. Wenig seitlicher Halt. Helle Polster schmutzempfindlich. Kein 4-Sitzer. Scheibenwaschanlage nur mit Fußpumpe.

FORD TAUNUS GXL 1,6 – Meinung der Tester: **auto-motor-sport**

positiv:
Kompakte Limousine mit großem Innenraum. Robuster Motor. Viele Extras im Preis enthalten.

negativ:
Unübersichtliche Karosserie. Hohe Gürtellinie. Lange Schaltwege. Federung und Dämpfung schlecht abgestimmt. Schwer gängige Lenkung, im Fahrbereich wenig exakt. Bei hohen Drehzahlen starke Motorvibration. Unbefriedigende Fahreigenschaften.

Konkurrenzvergleiche als Händler-Argumentationshilfen.

Interessant war auch: BMW unterschied sich damit deutlich von anderen Autoherstellern. So galten etwa Ford und Opel als technisch weniger gediegen, weniger jugendlich und sportlich. Marken wie Porsche oder gar Ferrari hatten zwar ein sportliches Ansehen, galten aber aber auch als unerschwinglich. Technisch gediegene, sportliche Großserienfahrzeuge zu bauen traute die breite Öffentlichkeit offenbar nur BMW oder – mit Abstrichen – Alfa Romeo zu.

Besonders wichtig aber war für die Marketing-Strategen, daß BMW in wichtigen Punkten des Firmen-Images nicht Daimler-Benz in die Quere kam. Während Mercedes-Benz eher Eigenschaften wie „Tradition" oder „Prestige" zugeordnet wurden, stand bei BMW das Sportliche und Jugendliche im Vordergrund. Somit erklärte sich – jetzt auch psychologisch – warum der Barockengel gegen die Untertürkheimer Konkurrenz keine Chance gehabt hatte. Er vermittelte nämlich genau jene traditionellen und konservativen Vorstellungen, in denen Mercedes der bayerischen Marke klar überlegen war.

Die neue Werbe- und Modellpolitik sollte also fortan auf das BMW-eigene Image zugeschnitten werden. Glücklicherweise repräsentierte die „Neue Klasse" nach außen hin genau jene BMW zuerkannten positiven Vorstellungen, die aus der Studie bekannt waren. Tatsächlich war das Design der viertürigen Limousine sachlich-elegant und völlig frei von den Prestige-heischenden Accessoires der Konkurrenz. Den Gesichtspunkten der „unprätentiösen Exklusivität" sowie der „Jugendlichkeit" war damit wenigstens formal Rechnung getragen. Daß der 1500 darüberhinaus als äußerst modern konstruiertes Fahrzeug galt, unterstützte die Vorstellungen der „technischen Gediegenheit".

Sportliches Image – lahmer 1500

So wurden die Münchner auch nicht müde, in Anzeigen, Pressetexten und Verkäuferschulungen immer wieder die exklusiven, sportlichen und jugendlichen Eigenschaften ihrer Produkte zu betonen. Das auf diese Weise geschaffene Image übertraf im Falle des 1500 sogar bei weitem dessen innere Qualitäten: Nicht nur, daß der Wagen katastrophal verarbeitet war – mit 80 PS war der erste Vertreter der „Neuen Klasse" auch untermotorisiert und vermittelte keineswegs jene Überlegenheit, die Werbung und Öffentlichkeitsarbeit dem 1500 andichteten.

Trotzdem: die Methode wirkte. Die 1500-Kunden kauften das Auto nicht, weil es so war, wie es war – sie kauften es, weil sie glaubten, daß es so sei, wie sie es sich vorstellten. Die BMW-Nische war tatsächlich zunächst mehr eine psychologische als eine technische. Erst mit dem 1800 und dem 1800 TI hielt die automobile Wirklichkeit mit dem Image-Anspruch Schritt.

Dem 1800 TI, den Hahnemann nach eigenhändiger Probefahrt ins Programm aufnahm, kam dabei eine besondere Bedeutung zu. Von der Presse aufgrund seiner Fahrleistungen überschwenglich als „Sportwagen mit vier Türen" gefeiert, repräsentierte er quasi die Technik-gewordene Umsetzung des Marken-Images. Die Folge: Jeder 1800 TI, der verkauft wurde, fungierte als „rollende Litfaßsäule" und unterstrich – mehr als jede Anzeige – das sportlich-jugendliche Markenimage von BMW. Das Produkt warb für sich selbst.

Fast überflüssig zu erwähnen, daß den BMW-Managern die Sporterfolge des 1800 TI/SA heruntergingen wie Öl. Auch sie verankerten das Marken-Bild nachhaltig im Bewußtsein der Öffentlichkeit.

Schön und potent

Wie ausgeprägt sich das Ansehen der Marke in den folgenden Jahren entwickelte, zeigt ein Image-Vergleich der Zeitschrift „Capital" anläßlich der Einführung der Sechszylinder-Typen: BMW stand für „Sportlichkeit" und „Jugend", Mercedes für „Tradition" und „Prestige". Spitzenreiter war zwar nach wie vor Mercedes, aber BMW eröffnete durch sein gänzlich anderes Image den Autofahrern aus aller Welt völlig neue Möglichkeiten. „Der Spiegel" schrieb: „Wer von Mercedes-Benz zu einer anderen Marke übergeht, steigt ab – wer von Mercedes-Benz zu BMW geht, steigt um."

Führte BMW in die Zukunft: Paul G. Hahnemann.

Zusätzlich war in der „Aufklärungswelle" der späten Sechziger Jahre das Prädikat „sexy" hinzugekommen. Oder, wie die „Capital"-Redakteure umschrieben: „Mary Quant schuf den Minirock – Quandts BMW-Manager (Hahnemann) das adäquate Automobil: schnell, aggressiv, lebenslustig. Ein großer BMW als Aphrodisiakum, ein Dorn im Auge abgeschlaffter Mercedes-Muffel, ein Freude-durch-Kraft-Wagen, so sinnlich schön und doll potent – BMW hilft dem Vater am Lenkrad." Und BMW Marketing-Direktor Helmut W. Bönsch lud die Journalisten zur Probefahrt mit dem 2500 mit den Worten ein: „Vielleicht fühlen Sie sich nach den Probefahrten versucht, diesen Sechszylinder künftig mit x zu schreiben." Ein Auto für den Zeitgeist!

Gerade die Wandlung dieses Zeitgeistes aber schien Hahnemann-Nachfolger Robert A. Lutz Anfang der siebziger Jahre nicht zu erkennen. Mitten in die Diskussionen um Tempolimit, steigende Unfallzahlen und Energiekrise hinein lancierte er den 2002 turbo mit reißerischem Design (Hahnemann: „Rocker-Auto") und astronomischem Benzinverbrauch. Erst als eine Entrüstungswelle durchs ganze Bundesgebiet bis in den Bundestag hinein schwappte, erkannten die BMW-Manager, daß gesellschaftliche Veränderungen auch eine Umstrukturierung des Images zur Folge haben müßten. Konsequenz: Die komfortbetonten 3er und 7er Mitte der Siebziger.

Der Vierzylinder

Der Vater der BMW-Motoren: Alexander von Falkenhausen.

Es begann mit der Neuen Klasse

Mit ihren legendären Motorqualitäten hatte die 02-Modellreihe wohl die größten Pluspunkte gegenüber der Konkurrenz: Eigenschaften und Konstruktionsmerkmale, die andere Hersteller Ende der achtziger Jahre noch nicht realisiert haben, begründeten schon zu Beginn der sechziger Jahre den Ruf des BMW-Vierzylinders als Maßstab für künftige Motoren. Wer könnte die Entwicklung dieser Motoren besser darstellen als ihr Konstrukteur und geistiger Vater Alex von Falkenhausen? Exklusiv für dieses Buch schildert er deren Geschichte:

„Man muß bei der Entwicklungsgeschichte der Motoren der 02-Reihe auf den Beginn der Neuen Klasse zurückgehen. Die 02er-Reihe besaß ja keinerlei neue Aggregate, alle Motoren waren vorhandene Triebwerke der Neuen Klasse. Andererseits waren natürlich die Überlegungen beim Konstruktionsbeginn der Neuen Klasse andere gewesen, als sie dann einige Jahre später beim Beginn der 02-Reihe waren.

Der Vorstand und sein Vorsitzender, Heinrich Richter-Brohm, wollte damals einen 1,3-Liter Wagen haben. In der Vorentwicklung der Neuen Klasse hatte es Mitte der fünfziger Jahre einen 1,3-Liter Motor und dazu auch einen fahrfertigen Prototypen gegeben. Diesen Mittelklassewagen hatte die Entwicklungsabteilung wie einen Alfa getarnt, er war aber auch in Karosserie und Fahrgestell von der späteren Neuen Klasse sehr verschieden.

Auch zu Beginn der Neuen Klasse wollte der Vorstand wieder einen 1,3 Liter-Wagen haben. Die Mittelklasse hatte damals Motoren zwischen 1,3 und 1,5 Liter und BMW wollte nicht wieder den Fehler begehen, mit einem zu großen Wagen – der dann, wie der 502 und seine Nachfolgetypen, zu teuer geworden wäre – anzufangen. Schließlich wollte man großen Abstand zu Mercedes bewahren. Die Zweiliterklasse war also völlig außer Reichweite. Die damaligen Verkaufszahlen zeigten zudem für die Klasse über 1500 ccm einen sehr geringen Marktanteil. Und man ging davon aus, daß es BMW alleine nie schaffen könne, dieses kleine Segment auszuweiten.

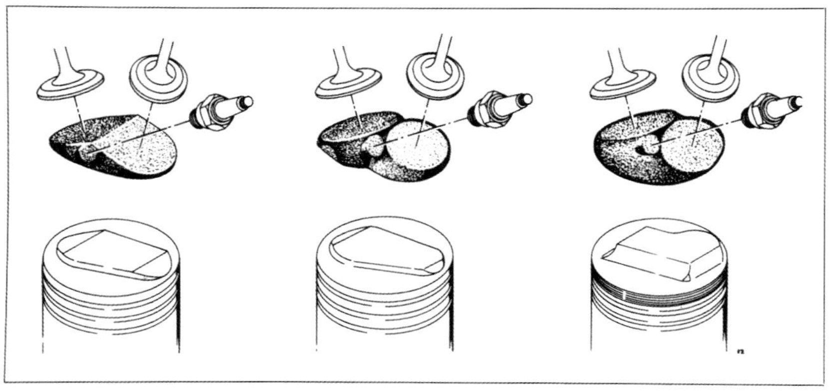

Die Kugel-Wirbelwanne mutierte zur Dreikugel-Wirbelwanne.

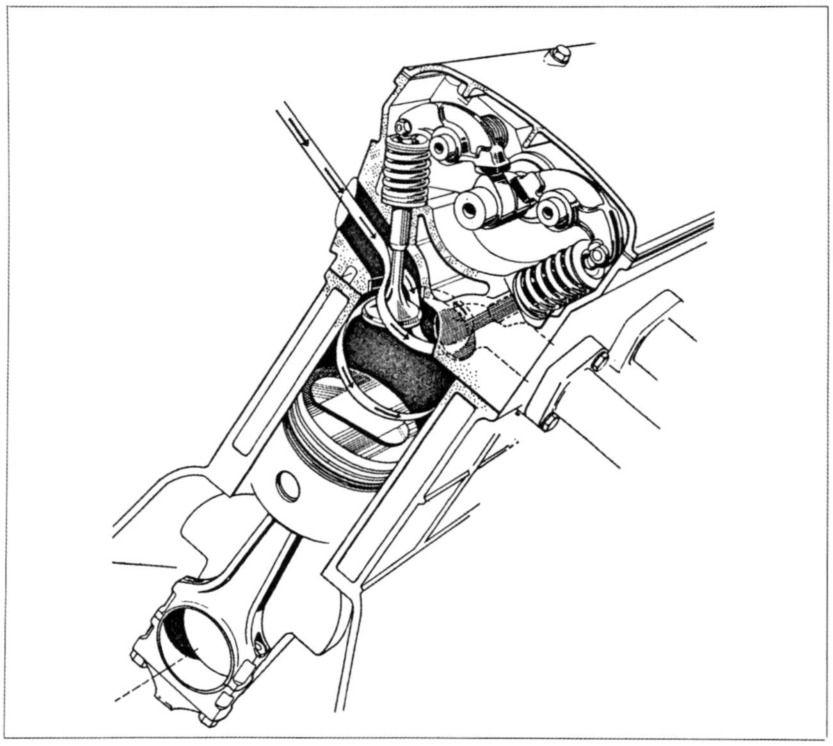

Gute Gemischverwirbelung dank Kugel-Wirbelwanne.

Motoren mit 1500 und 1600 ccm – und heimlich 1800 ccm!

Ich dachte mir aber, daß die Produktionszahl in der Zweiliterklasse nur deshalb so klein war, weil es keinen attraktiven Wagen gab. Praktisch war nur Mercedes mit sehr teuren Modellen in der Klasse vertreten – und es müßte möglich sein, einen verhältnismäßig billigen und leichten Wagen mit einem kräftigen Motor zu bauen. Ich konnte dann noch vor Beginn der eigentlichen Konstruktionsarbeiten den Vorstand davon überzeugen, daß man den neuen Wagen mindestens auf 1500 ccm bringen sollte, mit einer Möglichkeit, ihn auf 1600 ccm zu vergrößern. Heimlich habe ich mir aber eine Möglichkeit offengehalten, ihn gegebenenfalls auch auf 1800 ccm zu vergrößern.

Die Aufgabe war nun also, einen guten und der Konkurrenz überlegenen Motor zu bauen, der sich für die Großserienfertigung eignen, aber nicht zu teuer sein durfte – etwas widerstrebende Ansichten. Die damalige Standardbauweise sah über Stoßstangen betätigte, parallel hängende Ventile vor, dazu größtenteils noch Eisenzylinderköpfe mit Auspuff- und Ansaugtrakt auf einer Seite. Diese Motoren hatten üblicherweise Literleistungen von 30 bis 35 PS.

Ich suchte mir nun so ziemlich von allen Hochleistungsmotoren die es damals gab, die guten Punkte heraus – hauptsächlich handelte es sich da um den Zweinockenwellenmotor von Alfa – und versuchte, den neuen Motor nun einfacher und billiger, aber mit gleich guten Eigenschaften zu konstruieren.

Neue Wege: Eine obenliegende Nockenwelle und schräghängende Ventile

Die Idee war, mit nur einer obenliegenden Nockenwelle – was an sich noch keine absolute Neuheit war – über Kipphebel die V-förmig hängenden Ventile zu betätigen. Der wichtigste Punkt bei dem Motor waren wohl die V-Ventile: parallel angeordnete Ventile brachten keine hohe Leistung. Ich wollte – und das hatte es bis dahin noch nicht gegeben – die Ventile nicht in einer Reihe anordnen, sondern versetzt gegeneinander. Das hatte den großen Vorteil, daß man von der einen Nockenwelle aus gerade Kipphebel verwenden konnte. Wären die Ventile auf einer Ebene angeordnet gewesen, hätte man auf gekröpfte Kipphebel zurückgreifen müssen.

Der zweite Vorteil: Weil die Ventile nicht mehr direkt gegenüberstanden, konnte man sie vergrößern. Und drittens: Neben dem Auslaßventil, das etwas an der Seite saß, entstand Platz für die Zündkerze. Die konnte man nicht, wie bei den Zweinockenwellenmotoren, oben in der Mitte anbringen, da saß bei unserem Motor die Nockenwelle. Die Kerze mußte schräg von der Seite her eingeführt werden. Dadurch ergab sich allerdings kein halbkugelförmiger Brennraum mehr, sondern ein Brennraum mit zwei Taschen. Und das war eigentlich schon der Zweikugelwirbelwannenkopf, den wir bei den Sechszylindern noch etwas geändert haben.

Die Sechszylinder hatten später noch eine eigene Wanne für die Zündkerze. Das Ziel war dabei, die Zündkerze möglichst nahe zur Mitte des Brennraums zu bringen. Das Ventil mußte ja in einer Kugelkalotte sitzen. Dadurch, daß es aber nun aus der Mitte verschoben war, gab es keine Kugel mehr um das Zentrum des Brennraumes herum. Um die Kerze näher in den Brennraum zu bringen, haben wir ihn mit einer Quetschkante verkleinert. Das hatte außerdem den Vorteil, daß von dieser Quetschkante das Gas gegen die Zündkerze geschleudert wurde, was eine gute Verwirbelung bewirkte. Und die gute Gemisch-Verwirbelung war eigentlich der Hauptvorteil dieses Brennraums.

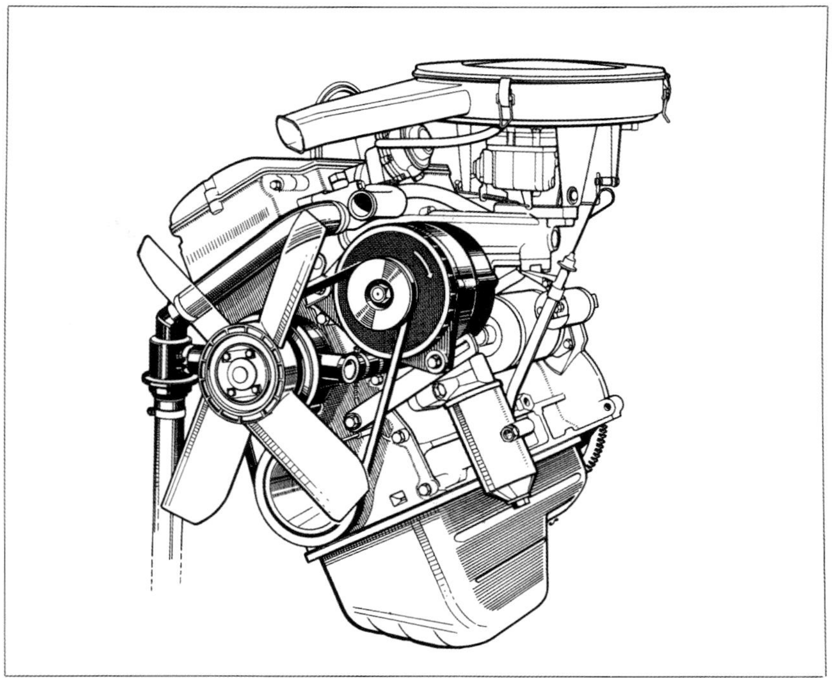

Zahlreiche konstruktive Vorteile: 30 Grad-Schrägeinbau.

Über solche Brennraumgestaltungen war bislang verhältnismäßig wenig nachgedacht worden. Bei Parallelventilen waren die Verhältnisse aufgrund der Strömungsverläufe ohnehin ungünstig, und bei Rennmotoren war die V-Ventilanordnung mit zwei Nockenwellen und genau halbkugelförmigem Brennraum längst üblich. Durch die versetzten Ventile mußte etwas Neues geschehen. Die Leistung war also, eine Lösung zu schaffen, die zwar billig herzustellen, aber von der Ausbeute her mit den Zweinokkenwellenmotoren mithalten konnte.

Natürlich ist bei einem ausgesprochenen Rennmotor mit 8000 Umdrehungen die Ausführung mit zwei obenliegenden Nockenwellen überlegen. Für die Serienanwendung mit 5000 bis 6000 Umdrehungen war unsere Anordnung dagegen völlig ausreichend. Es war eine wesentliche Verbilligung ohne Nachteile – mit der Möglichkeit, größere Ventile unterbringen.

Laufruhig und drehzahlfest: Fünffach gelagerte Kurbelwelle

Neben der Konstruktion des Ventiltriebs und der Brennraumgestaltung war der dritte wesentliche Punkt des neuen Vierzylinders die Kurbelwellenauslegung. Standard war damals eine dreifach gelagerte Kurbelwelle mit vier Gegengewichten. Die Befürworter dieser Konstruktion nannten als Vorteile die billigere Herstellung und behaupteten außerdem, die dreifach gelagerte Kurbelwelle habe weniger Reibung, weil sie nur in drei Hauptla-

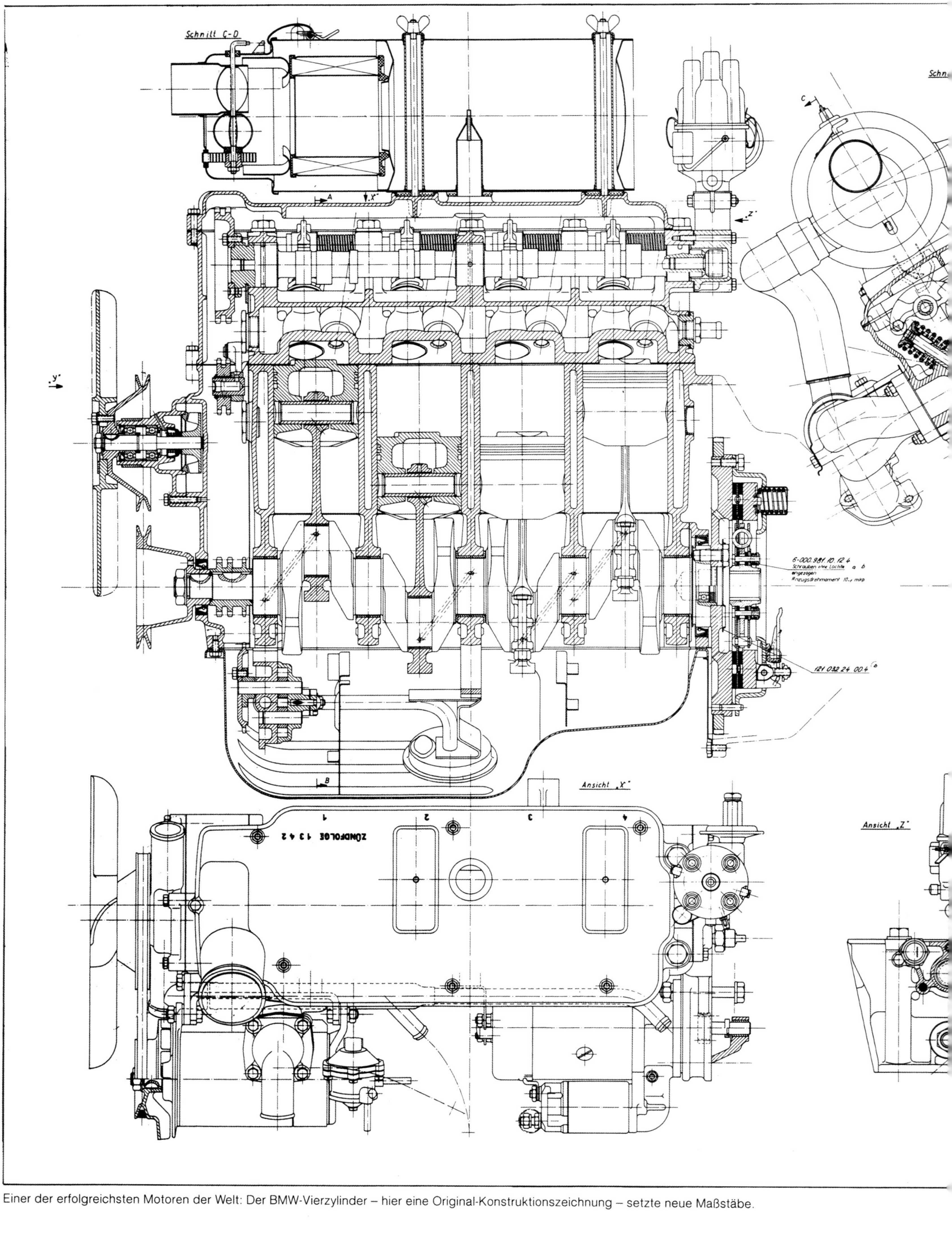

Einer der erfolgreichsten Motoren der Welt: Der BMW-Vierzylinder – hier eine Original-Konstruktionszeichnung – setzte neue Maßstäbe.

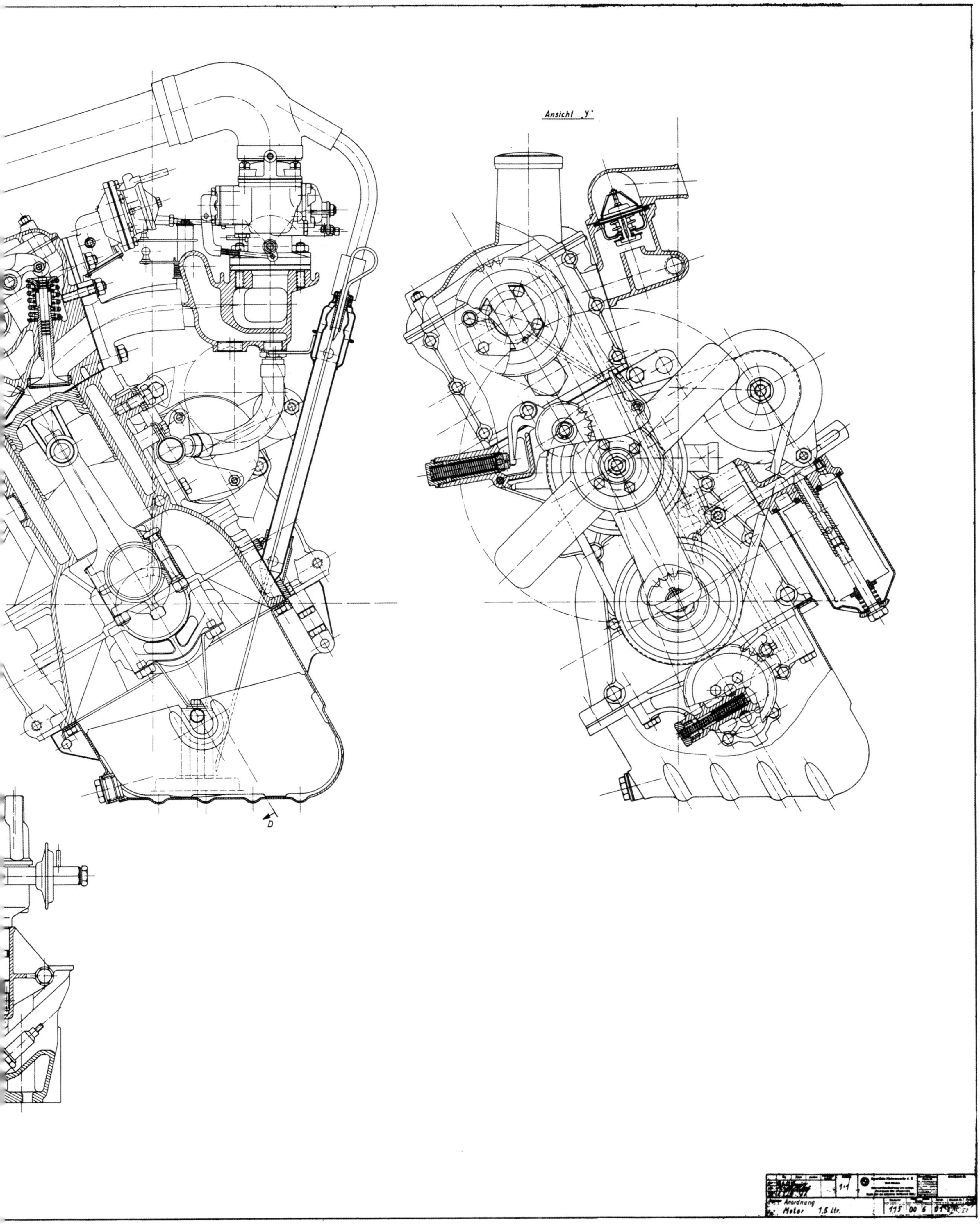
Ansicht „Y"
D
1:1
Anordnung
Motor 1,5 Ltr.
115 00 6 01

Dank größerer Ventile 85 statt 83 PS: 1,6-Liter-Motor des 1600-2.

gern läuft. Bei niedriger Beanspruchung, also etwa bei Stadtfahrten, hat sie auch tatsächlich weniger Reibung. Ansonsten ist deren Reibung aber wesentlich größer, weil die Kurbelwelle bei hoher Beanspruchung eine stärkere Durchbiegung hat und sich in den Lagern verklemmt. Das war ein Punkt, worüber ich mich hauptsächlich mit der Fabrikation streiten mußte. Die wollte aus Kostengründen eine dreifach gelagerte Kurbelwelle haben.

Ich glaube aber: Wenn wir die damals vorhandene Technik – also etwa Parallelventile und dreifach gelagerte Kurbelwelle – in diese Klasse übernommen hätten, wären wir im Mittelmaß dahingeschwommen und hätten uns als Neuanfänger noch schwerer getan. Und nach einiger Zeit hätten wir ohnehin eine Neuentwicklung machen müssen, die später alle Firmen – ob Mercedes, Ford oder Opel – gemacht haben. So ist BMW vorausgegangen und die anderen mußten nachziehen. BMW hat damals den Grundstein für eine Reihe technischer Merkmale gelegt, die bis heute den modernen Automobilbau auszeichnen – und von vielen anderen kopiert worden sind.

Streit mit dem Vorstand: Aluminium- oder Graugußblock

Der Streit mit der Fabrikation um die Kurbelwellenauslegung war aber nicht der einzige gewesen. Aus Herstellungsgründen wollte man einen Aluminiumblock mit eingegossenen, dünnwandigen Büchsen. Der Aluminiumblock wurde wegen der schnelleren Bearbeitung gewünscht. Aluminiumblöcke sind heute weit verbreitet. Durch die übereutektischen Legierungen, die heute alle Aluminiummotoren haben, bereiten sie auch keine Probleme mehr. Davon waren wir damals noch weit entfernt. Anfang der sechziger Jahre war die einzig solide Konstruktion eines Aluminiumblocks jene mit naß eingesetzten Eisenbüchsen wie beim BMW-Achtzylinder – eine sehr teure und schwere Konstruktion. Das wollte aber keiner. Schlußfolgerung: Wir gießen einen Aluminiumblock und gießen die Eisenrohre ein.

Solche Motoren haben wir auch ausprobiert. Die dünnwandigen Eisenrohre gaben aber die Wärme nicht richtig an das Aluminium ab. Es kam Öl zwischen Aluminium und Eisenbüchsen und die Motoren hatten alle eine sehr kurze Lebensdauer. Daraufhin lehnte ich die Verantwortung für diese Lösung ab. Denn nach ein paar tausend Kilometern wäre jeder Motor kaputt gegangen. Und das hätte mit Sicherheit das Ende des damaligen BMW-Automobilbaus bedeutet – zumal wir ja keinen besseren Ersatz liefern konnten. Der erste Ausstellungsmotor auf der IAA hatte zwar noch einen Aluminiumblock – ist in der Nacht vor Ausstellungsbeginn aber schwarz angestrichen worden.

Zwischenzeitlich hatte ich nämlich den Graugußblock durchgesetzt - trotz der hohen Kosten. Denn die Bearbeitungsmaschinen für das Aluminium waren schon bestellt.

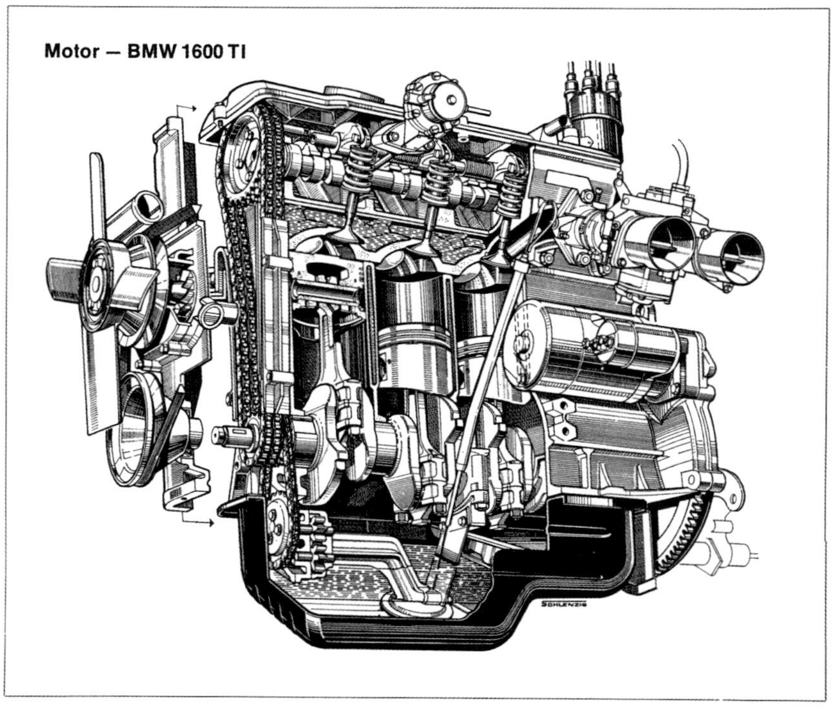

Doppelvergaser und erhöhte Verdichtung: 105 PS aus 1,6 Litern.

Vorteile dank Schrägeinbau

Der Motor hatte aber eine andere Neuigkeit: Er war schräg eingebaut. Es wurde immer behauptet, das sei gemacht worden, um den Motor niedriger zu machen. Das stimmt aber nicht, er wurde gar nicht niedriger. Tatsächlich waren Vergaser und Luftfilteranlage sogar höher als der Zylinderkopf. Für die Schräg-Einbauweise sprachen andere große Vorteile. In erster Linie gab es sehr viel Platz für die Sauganlage, denn der Motor lag zur Auspuffseite hin. Man konnte nun lange, gerade Saugrohre verwenden und die Schwingrohrlänge auf bestes Drehmoment abstimmen. Tatsächlich war diese Einbauweise später lebenswichtig für die modernen Einspritzanlagen, die sehr viel Platz brauchen. Schon die Vier-Vergaser-Anlage vom 1800 TI wäre sonst nicht möglich gewesen. Das aber ahnten wir damals noch nicht.

Der zweite Vorteil des Schrägeinbaus war, daß die Auspuffanlage unten im Eck die Hitze nicht in den Motorraum strahlte und die Auspuffleitung sehr glatt nach außen heraus geführt werden konnte. Der dritte Vorteil – fast der wichtigste – war aber folgender: Bei obenliegenden Nockenwellen hat man sehr viel Öl im Zylinderkopf – im Gegensatz zu den Stößelstangenmotoren. Dadurch, daß der Kopf schräg lag, lief das Öl nun auf einer Seite zusammen und wurde von dort mit großen eingegossenen Kanälen ins Gehäuse zurückgeführt. Bei horizontal angeordnetem Zylinderkopf wäre Öl in den Ventiltaschen stehengeblieben und man hätte Abläufe nach beiden Seiten hin gebraucht.

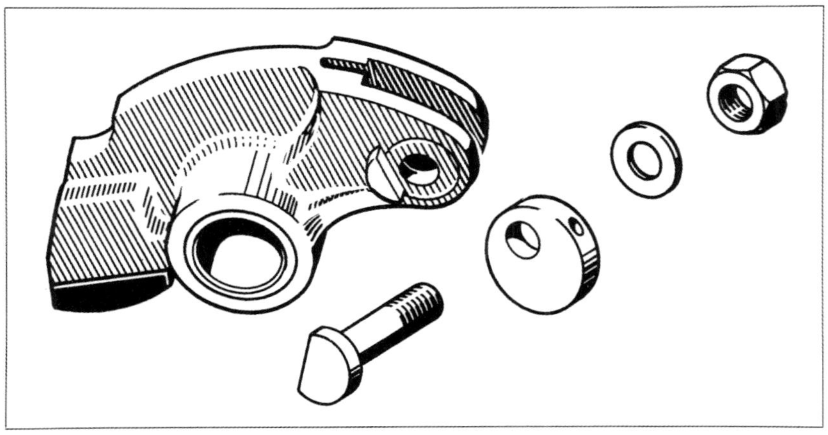

Auch eine konstruktive Neuheit: Aluminium-Schwinghebel.

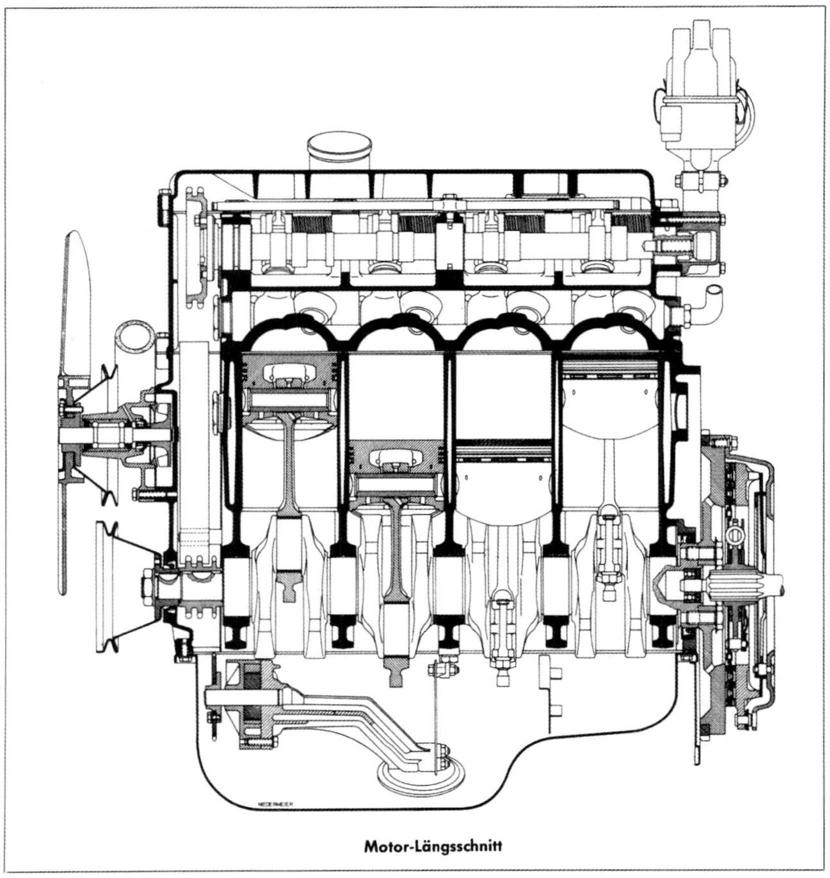

Problematisch: Die extrem dünnen Wasserkanäle zwischen den Zylindern.

Auspuffanlage: Dank Hosenrohr bessere Feinabstimmung

Auch an der Auspuffanlage gab es etwas Neues: Die Zusammenfassung der Zylinder 1 und 4 in einem Strang und 2 und 3 in einem zweiten Strang, die dann erst nach einem genau festgelegten Abstand – ungefähr einem Meter – zusammenliefen, im sogenannten Hosenrohr. Dadurch konnten wir die Schwingungen in der Auspuffanlage so abstimmen, daß günstigstes Drehmoment erzielt wurde. Das mußten wir in ewigen Hin-und-Her-Versuchen zusammen mit der Saugrohranlage kombinieren, aber wir haben eine ganze Menge daraus folgern können.

Neue Lösungen bei Ventilschaftdichtungen und Aluminiumschwinghebeln

Eine weitere Neuigkeit war die Ventilschaftabdichtung. Ursache war auch hier wieder das Öl im Zylinderkopf. Bei herkömmlichen Konstruktionen war immer viel Öl über die Ventilführungen in den Brennraum gekommen. Es war eine weitere Idee von mir, eine Abdichtung, ähnlich wie ein Wellendichtring, zu konstruieren. Also eine Kunststofflippe, die durch eine Ringfeder angepreßt wird. Dieses Patent ist von den Firmen, die Dichtringe herstellen, übernommen und fertigentwickelt worden. Heute ist es allgemeiner Stand der Serie – und für solche Motoren absolut notwendig.

Eine weitere Neuheit waren die gegossenen Aluminiumschwinghebel, die sehr billig und leicht waren; viel billiger als geschmiedete Stahlhebel. Diese neuen Schwinghebel hatten – da wo sie auf der Nockenwelle aufliegen – bloß einen eingegossenen Einsatz aus Hartmetall. Anfangs ist dieses Prinzip angefeindet worden. Tatsächlich hat es sich aber sehr gut bewährt. Ein Problem war dabei allerdings noch zu lösen, und zwar die Ventilspieleinstellung. Die normale Stellschraube, die man damals verwendete, gefiel mir nicht, weil sie nur eine Punktauflage gab und außerdem ziemlich schwer war. Also verwendeten wir eine breiter aufliegende Exzenterscheibe, die man verdrehen und somit das Ventilspiel ändern konnte.

Diese Merkmale sind seit damals unverändert geblieben, auf die Sechszylinder übertragen worden und bis

Ab 1968 in der kleinen Karosserie: Zweiliter-Motor.

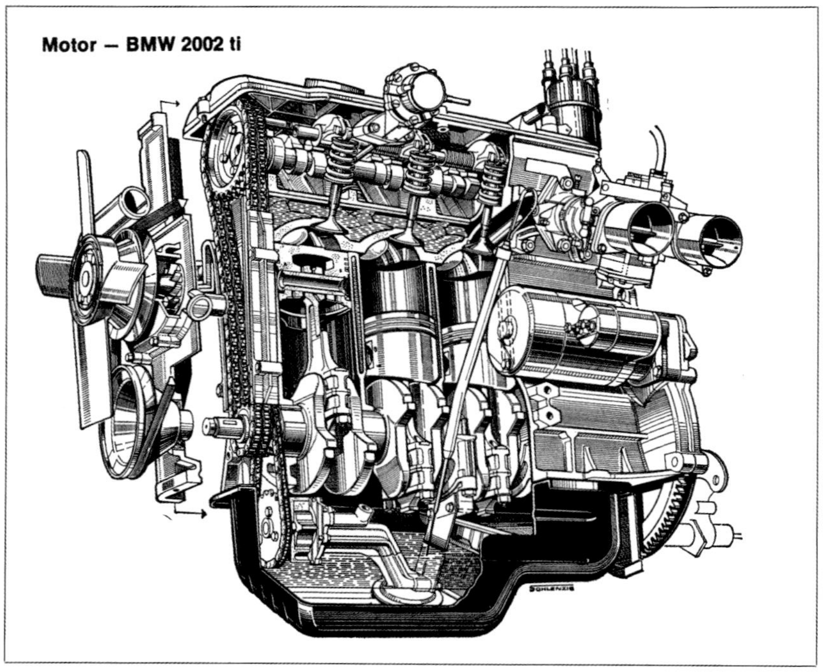

Dank Doppelvergasern 120 PS: Motor des 2002 TI.

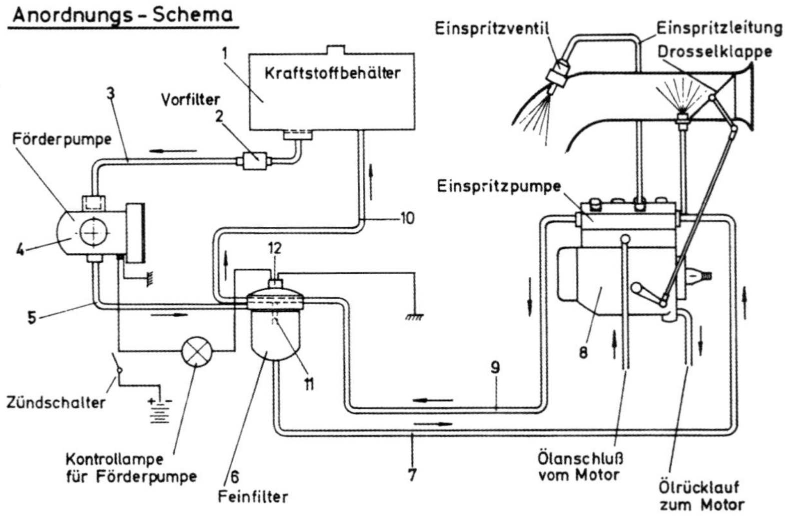

Ab 1971 im Einsatz: Mechanische Kugelfischer-Einspritzung für den tii.

1987 auch auf die neuen Baureihen. Der neue Vierzylinder und der Zwölfzylinder haben allerdings Schlepphebel mit hydraulischem Ventilspielausgleich.

Kurzer Hub für hohe Drehzahlen

Unsere Motoren waren für die damaligen Zeiten sehr kurzhubig. Damals war der Hub in der Regel noch ~~viel~~ größer als die Bohrung. Die Kurzhubigkeit hatte außer der geringen Kolbengeschwindigkeit noch den Vorteil, daß man größere Ventile unterbringen und die Motorbauhöhe verkleinern konnte. Der 1500 ccm-Motor war mit 82x71,5 mm allerdings von der Bohrung her so ungünstig ausgelegt, daß das Pleuel nicht mehr von oben her hineingeschoben werden konnte. Es mußte extra bearbeitet werden, damit es durchpaßte. Der 1600er mit 84x71,5 mm war da schon günstiger. Außerdem hatte ich ja den Block – ohne daß es der Vorstand wußte – schon so hoch gebaut, daß auch ein 80er Hub hineinging. Das ergab dann 1800 ccm, worüber BMW im Nachhinein heilfroh war . . .

Schließlich war der damalige 1500 ja doch ein recht großer Wagen und mit 75 PS eigentlich untermotorisiert. Der 1800er war dagegen für damalige Verhältnisse mit 90 PS gut motorisiert. Unser Leistungsvorsprung war mit dem 1500 gar nicht so groß, also wollte ich den technisch möglichen 1800 ccm-Motor ausprobieren. So ist es meistens gegangen: Weil sich herausstellte, daß dieser neue und vorher nicht geplante Motor keine technischen oder fertigungstechnischen Probleme bereitete, gab es von 1963 an eben zwei Kurbelwellen, eine mit 71,5 mm Hub und eine mit 80 mm Hub.

Probleme bei der Fertigung: Zweiliter-Vierzylinder

Mein nächster Wunsch war, den Motor auf zwei Liter zu bringen, ohne aber auf das Kühlwasser zwischen den Zylindern zu verzichten. Ich wollte also auf keinen Fall die Zylinderbüchsen zusammengießen, denn alle damals bekannten Motoren mit zusammengegossenen Büchsen waren schlecht. Die Zylindergießerei, von der BMW die Blöcke bezog, sagte mir aber, daß eine weitere Vergrößerung der Bohrung auf 89 mm unter diesen Umständen nicht möglich sei, da das einen extrem schmalen Wassermantelkern von 3 mm gegeben hätte.

Eine kleine Gießerei, die für uns die Motorradzylinder fertigte sicherte mir zu, daß sie einen solchen Block gießen könne. Daraufhin ließ ich dort eine kleine Serie Zweiliter-Blocks herstellen. Der Vorstand sagte nur: „Das geht nicht, das ist Blödsinn, das machen wir nicht, das gibt furchtbar viel Ausschuß." Aber dann habe ich die Motoren vorgeführt. Leistungsmäßig waren sie natürlich ein großer Schritt nach vorn. Und es hat gar nicht mehr lange gedauert, bis auch die große Gießerei die Blöcke plötzlich gießen konnte. Die Lösung war ein Gieß-Verfahren mit so festen Kunststoffkernen, daß eine so dünne Kernwand gehalten werden konnte.

Tatsächlich hat dieser Zweiliter-Block 89 mm Bohrung gehabt. Bei 100 mm Zylinderabstand war das ein Steg von 11 mm, zweimal 4 mm Wandstärke und der 3 mm breite Kanal – wirklich äußerst knapp. Aber nach Serienanlauf zeigte sich, daß dieser neue Block nicht teurer in der Herstellung war und sogar weniger Ausschuß verursachte als der alte. Der Zweiliter war schon für den Viertürer ein großer Fortschritt und natürlich erst recht der Schlager beim Zweitürer. Der 2002 ist das erste richtige BMW-Auto geworden.

Als der erste Zweitürer-Prototyp gebaut wurde, gab ich dem Projekt eigentlich keine große Chance. Mir gefiel der Wagen zwar sehr gut, aber ich dachte mir: Es ist halt doch ein ziemlich kleiner Wagen mit nicht besonders aufregender Form. Doch er hatte den großen Vorteil des kleinen Gewichts, der gewissen Lebendigkeit. Und das kam bei dem sportlichen BMW-Publikum tatsächlich so gut an, daß er zum Verkaufsschlager wurde. Vor allem in der Zweiliter-Version.

Nie ernsthaft geplant: Kleinere Motoren für den 02

Für den 02 sollte es von vorneherein keine kleineren Motoren geben – wir hätten auch gar keine gehabt. Der erste Prototyp des 1300 war schon vergessen und das neue Aggregat hätte man nicht auf 1300 ccm verkleinern können. Das wäre Unsinn gewesen, weil der Motor wäre genauso schwer und teuer geworden wäre wie der Zweiliter. Von den ganzen Motoren – vom 1500 bis zum 2000 – waren im Gewicht, in den Abmessungen und im Preis alle Motoren genau gleich. Natürlich war der größte Verkaufsgewinn mit dem größten Motor zu erzielen, der schließlich teurer verkauft wurde.

Als nächste Entwicklungsstufe wollte ich gern noch auf die 80 mm-Kurbelwelle beim 1800 verzichten. Wir haben also den Zweiliter-Block mit der 71,5 mm-Kurbelwelle für den 1800er verwendet – der daraufhin wesentlich runder lief. Und die Zweiliter-Kurbelwelle hat acht Gegengewichte bekommen, um einen möglichst vibrationsfreien Motor zu erreichen.

Doppelvergaser und Benzineinspritzung

Die TI-Modelle kamen zunächst mit Weber-, später mit Solex-Vergasern. Dadurch ist das Auto noch lebendiger geworden und die Sporterfolge stellten sich ein. Problematisch war allerdings die saubere Einstellung, die Synchronisierung der vier Vergaser, obwohl es den sportlichen Fahrern egal war, wenn der Leerlauf mal ein bißchen unrund war. Schließlich betrug die Literleistung, die am Anfang – gegenüber der Konkurrenz von ungefähr 35 PS/Liter – noch bei 50 PS/Liter gelegen hat, bei den TI-Modellen schon 60 bis 65 PS/Liter. Damit galten die Vierzylinder schon als richtige Sportmotoren.

Trotzdem, das war auch Meinung der Presse, galten die Motoren als sehr alltagstauglich, sehr sparsam und sehr durchzugstark. Ich habe immer Wert darauf gelegt, daß das Drehmoment schon weit unten kommt, wo der Fahrer die Kraft am meisten spürt.

Hohe Leistung: Probleme bei den Zulieferern

Wir hatten am Anfang mit diesen sportlichen Motoren einige Schwierigkeiten, die hauptsächlich daher kamen, daß die Zuliefer-Teile für die hohe Leistung nicht geeignet waren. So gab es sehr viele Vibrationsschäden, hauptsächlich an Anlassern und Lichtmaschinen. Das war für Bosch etwas völlig Neues, die Ingenieure haben ihren ganzen Ehrgeiz daran gesetzt und in kurzer Zeit vibrationssichere Maschinen entwickelt. Auch am Vergaser gab es Vibrationsschäden. Deren Beseitigung war ein bißchen schwieriger. Vergaserteile sind sehr zierlich und leicht gebaut. Aber die Zulieferer haben letztlich auch das fertiggebracht.

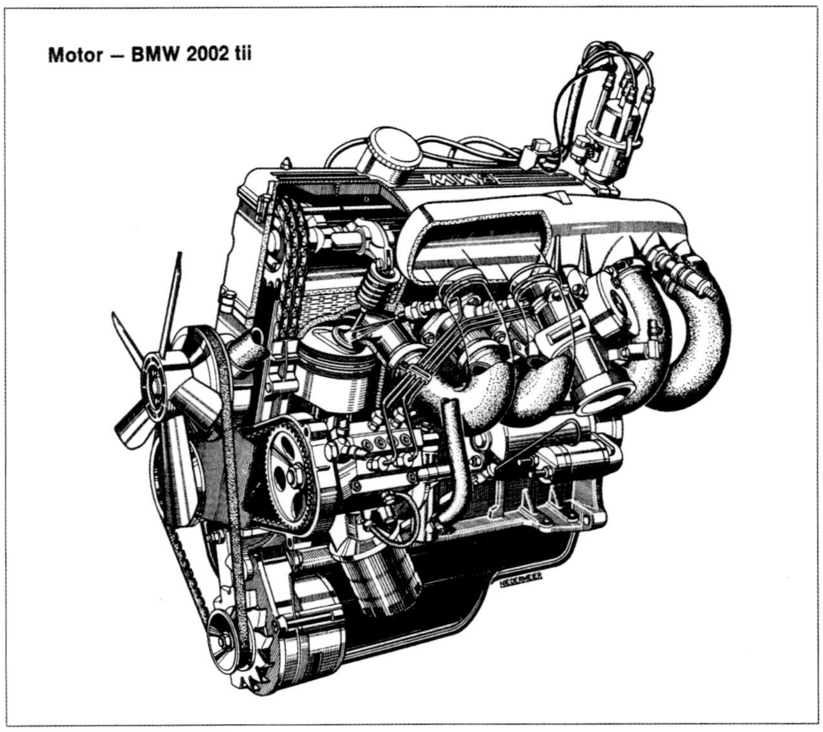

Kultiviert und bärenstark: 2002 tii-Motor.

Weitere Schwierigkeiten ergaben sich bei den Zylinderkopfdichtungen aufgrund des höheren Verbrennungsdrucks. Daraufhin haben wir den sogenannten Zackenring entwickelt, der für die Renntypen verwendet wurde – ein um den Brennraum eingelegter Ring, der Zacken hatte, die sich in dem Aluminiumkopf eingruben. Die Herstellerfirmen haben den Ring etwas modifiziert in ihre Dichtungen eingebaut, so daß der Zacken schon in der Dichtung integriert war. Sogar bei Turbomotoren mit sehr viel höheren Verbrennungsdrücken gab es keine Probleme mehr.

Die Zylinderkopfdichtungen waren im übrigen auch der Grund dafür, daß wir keine zusammengegossenen Zylinder verwenden konnten. Der Steg zwischen den Brennräumen hätte dann überhaupt nicht mehr gehalten. Dieses Problem ist inzwischen überwunden. Obwohl ich damals völlig dagegen war, muß ich zugeben, daß das Zusammengießen von Zylindern heute einwandfrei funktioniert. Der M 3-Motor hat durch seine zusammengegossenen Zylinder einen größeren Hubraum bekommen, und auch beim Rennmotor gibt es diesbezüglich keine Probleme. Der Block des M 3 basiert im übrigen noch völlig auf der alten Konstruktion. Er hat lediglich größere Boh-

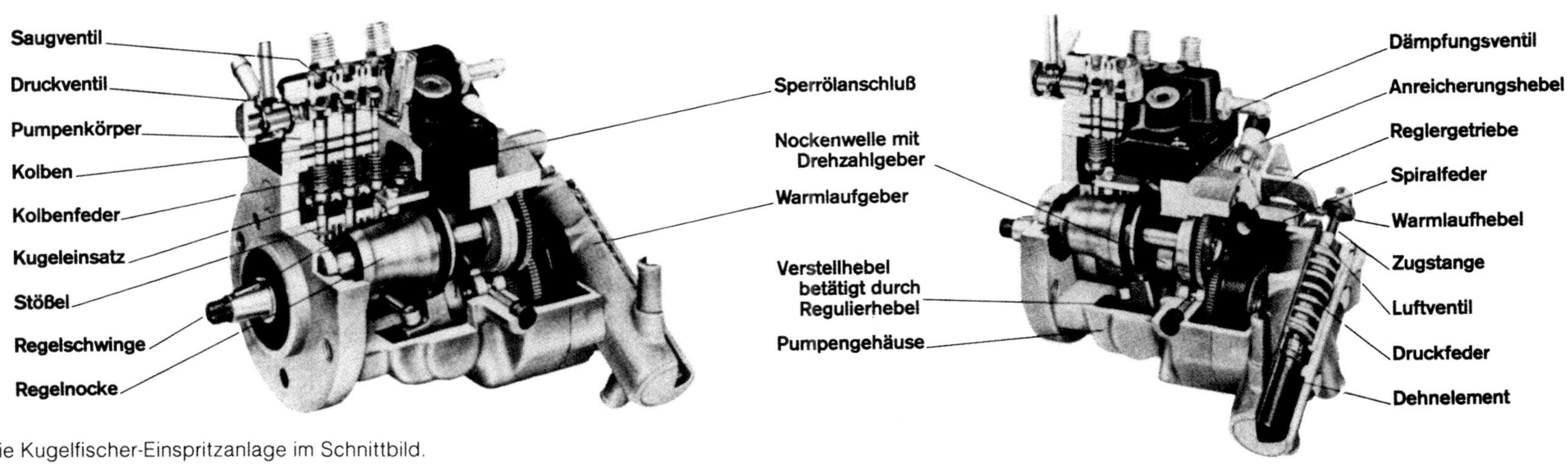

Die Kugelfischer-Einspritzanlage im Schnittbild.

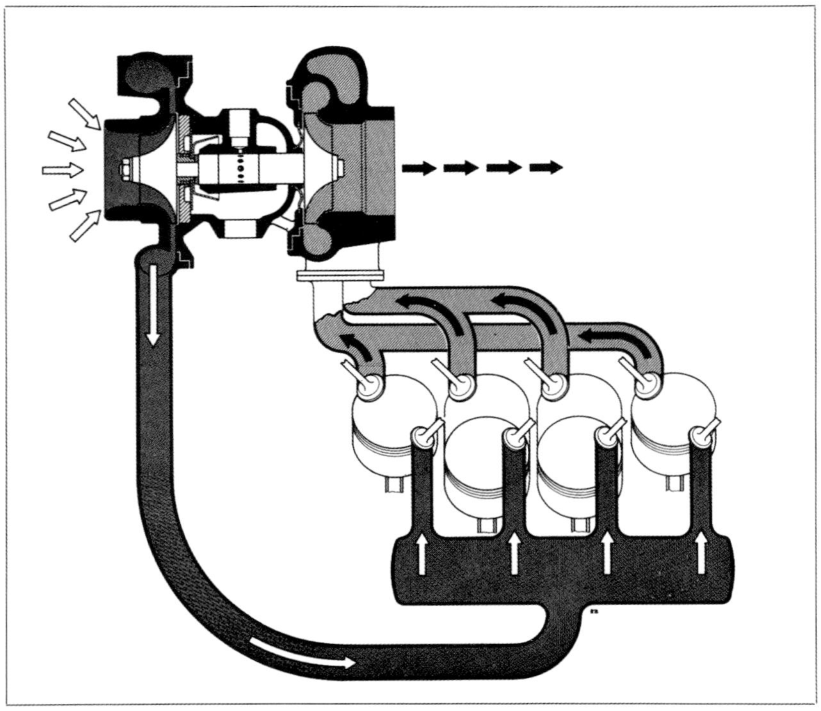

Das Funktionsschema des Turboladers.

rungen und zusammengegossene Büchsen. Tatsächlich ist der ganze Block durch das Zusammengießen der Büchsen sogar noch steifer geworden.

Der beste Zweiliter-Motor und der erste BMW mit Benzineinspritzung war dann der tii-Motor. Einen Prototyp gab es ja schon 1969 auf der IAA, aber er hat uns noch eine Menge Arbeit gekostet. Mit der mechanischen Kugelfischer-Einspritzung erreichte der 2002 tii in Verbrauch und Leistung die besten Ergebnisse überhaupt. Er hatte auch sehr niedrige Abgaswerte, da man ihn sehr mager fahren konnte. Sein Hauptnachteil war allerdings, daß nur ein wirklicher Fachmann die Einspritzpumpe einstellen konnte. Die Pumpe verstellte sich öfter und reagierte empfindlich auf die Meereshöhe. Darum ist der tii auch

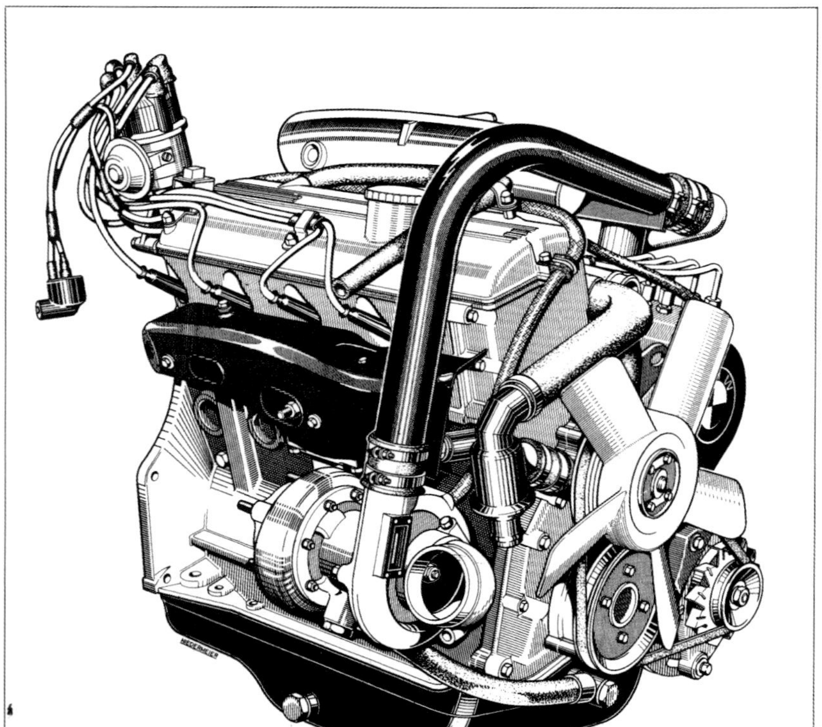

Leider nicht ausgereift: Turbomotor von 1973.

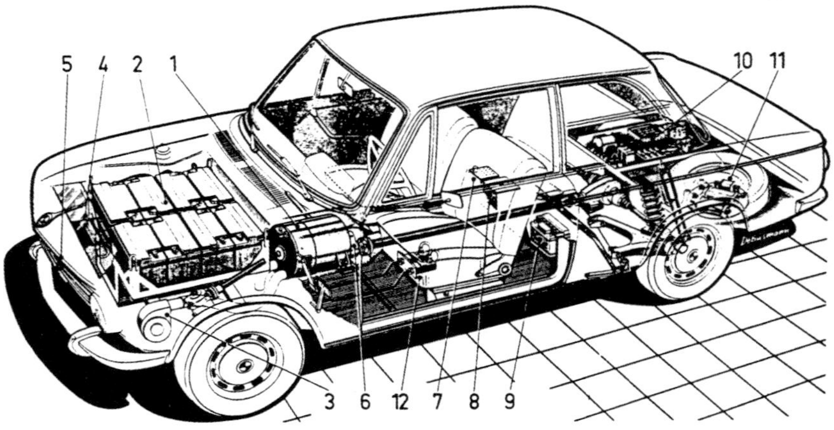

Bild 1. Durchsicht-Bild der BMW-Experimentier-Autos ca. 90 km/h

1. Fahrmotor	5. Ladesteckdose	9. Bordnetzbatterie
2. Fahrbatterie	6. Zwischengetriebe	10. Steuerelektronik
3. Kühlgebläse	7. Sicherungen	11. Motordrossel
4. Entlüftungsgebläse	8. Hauptschütz	12. Sollwertgeber

Der Elektro-BMW 2002 sollte die Marathonläufer bei den Olympischen Spielen 1972 in München auf ihrer Strecke begleiten.

kein besonderer Erfolg geworden, obwohl er zehn PS mehr als der TI hatte und nicht die Schwierigkeiten mit der Synchronisierung der vier Vergaser. Sauber eingestellt war es ein wunderbares Auto. Die Händler sind jedoch nicht damit zurechtgekommen. Zum Glück kam Bosch mit der K-Jetronik, die alle Vorzüge der Kugelfischer-Anlage ohne deren Nachteile hatte.

Kein Ruhmesblatt: Der 2002 turbo

Auf den Turbomotor, ganz zu Anfang der Turbo-Ära, bin ich nicht sehr stolz. Er hatte zwar eine sehr schöne Leistung, aber die gesamte Auspuffanlage – inklusive Turbo – wurde zu heiß. Der Motor selbst hat die Mehrleistung tadellos vertragen. Der Grundfehler war aber, daß wir kein Abblasventil auf der Auspuffseite hatten, wie das heute allgemein üblich ist. Aus Amerika bekamen wir eins angeboten, für das wir aber keinen Platz hatten. Also haben wir das ganze Gas durch den Turbolader geleitet und die überschüssig geförderte Luft wieder abgeblasen. Dadurch ist nicht nur der Turbolader zu heiß geworden, sondern auch die komprimierte Ladeluft wieder weggeblasen. Wenn wir ein modernes Abblasventil gehabt hätten, wäre der turbo-Motor auch gut gewesen. Leistungsmäßig war er natürlich verrückt – hauptsächlich die Rennausführung mit 270 PS.

Kein Wankelfieber bei BMW

Zwei Projekte mit neuen Antriebstechnologien hat es auf 02-Basis gegeben: Den Wankel- und den Elektro-02.

Anfang der siebziger Jahre kauften wir zu Studienzwecken einen Mazda mit Wankelmotor und waren überrascht, wie gut dieses Auto lief – aber auch entsetzt über die Straßenlage. Dann bauten wir diesen Motor in einen 2002. Und siehe da: Plötzlich war der Motor nicht mehr so kräftig, denn mit der guten Straßenlage des 02 haben wir ihn voll ausfahren können. Die Folge: Der Motor ging kaputt, Dauer-Vollgas hat er nicht vertragen. Unser Resümee: Die Rettung dieses Motors war nur das schlechte Fahrgestell von Mazda.

Auch bei NSU, die im Ro 80 ein gutes Fahrgestell hatten, gingen die Motoren kaputt. Als die strengen Abgasvorschriften kamen, war es mit ihm aber ohnehin vorbei.

Den 2002 mit Wankelmotor hatten wir auf einer Vergleichsfahrt mit dem ersten 525 dabei, also dem ersten Sechszylinder im 5er. Gleich nach der Vergleichsfahrt mußten wir ihn verschrotten. Damit waren auch die Verhandlungen mit NSU geplatzt, die uns unbedingt als Lizenznehmer haben wollten. Der Vorstand hätte gern eine Lizenz gehabt, aber ich vertrat die Meinung: Ihr verliert nur Geld. Im Wankel-Vertrag war nämlich eine Klausel enthalten, daß, auch wenn das Auto nicht in Serie geht, weiterhin sehr hohe Lizenzen gezahlt werden müssten.

Der Elektrowagen entstand eigentlich nur als Demonstration, daß BMW auch an einem umweltfreundlichen Auto arbeitet. Daß es nicht funktionieren würde, wußte jeder. Der Elektro-2002 hat 500 Kilogramm Batterien mitgeschleppt und ist keine 100 km weit gefahren.

Der neue Vierzylinder: fast wie der alte

1988 wurde der alte Vierzylinder-Motor eingestellt – nach 23 Jahren und einer Stückzahl von insgesamt 3,5 Millionen Exemplaren. Die letzten alten Motoren stellte BMW den deutschen Technischen Hochschulen zu Studienzwecken und als Beispiel moderner Motorenkonstruktionen zur Verfügung.

Die bei diesen Motoren gewonnenen Erfahrungen konnten auch nutzbringend auf die Sechszylinder-Baureihe und die neuen Motorradmotoren angewendet werden. Die Entwicklungszeit und -kosten beider Motorbaureihen wurden entscheidend verringert, Kinderkrankeiten traten überhaupt nicht auf und wir schafften eine weitgehende Teilegleichheit.

Ein zwingender technischer Grund, einen neuen Motor zu bauen, lag nicht vor. Mit einem kleinen Face-Lift (kleinerer Ventilwinkel und hochgestellte Einlaßkanäle) wäre der Motor wieder auf dem neuesten Stand der Technik gewesen und hätte noch viele Jahre weiterlaufen können. Das war aber deshalb nicht möglich, weil die Fertigungsstraßen inzwischen veraltet und abgenutzt waren und auch die Kapazität nicht mehr ausreichte. So entwickelte man gleich einen ganz neuen Motor zur neuen Produktion.

Ganz neu ist dieser Motor allerdings nicht: 1974-75 hatte ich bei der Entwicklung des kleinen Sechszylinder-Motors einen Vierzylinder mit eingeplant, auf dem das heutige Aggregat basiert.

Trautes Familienbild: Von 1500 (1962) bis zum 316i (1987), von 80 bis 1000 PS – kaum ein anderer Motor hat diese Erfolgsbilanz.

Es lebe der Sport . . .

Auf dem 2002 zweimal Europameister: Dieter Quester.

Es lebe der Sport . . .

Dieter Quester: „BMW 2002 – auch heute noch ein Zauberwort für mich. Rückblickend kann ich feststellen, daß der 2002 wegbereitend in meiner doch recht langen Rennfahrerkarriere war. Waren es nun die oft recht hitzigen Gefechte gegen Hubert Hahne oder "Kurtchen„ Ahrens und wie sie alle heißen mögen, war es mein erster Europameistertitel oder die nur allzu oft mit elementaren Schäden verbundenen frühzeitigen Gehversuche der Turbo-Version: Der 2002 bot in allen Variationen, welche ich "unter meinen Hintern„ bekam unerreichtes Fahrvergnügen. Wenngleich die Karosserie den cw-Wert eines mittleren Eckhauses aufwies, so konnten wir mit den Werkswagen die Porsche 911-Meute – angeführt von Helmut Kelleners – nicht allzu selten in Schach halten.

Gerne erinnere ich mich auch an jenes Rennen im englischen Snetterton, wo unsere beiden Werkswagen mit den von Klaus Steinmetz kreierten „Fledermaus-Ohren", angebracht an den vorderen Kotflügeln, der Konkurrenz herzliches Lachen über derartig groteskes Aussehen entlockten – aber nur so lange, bis Vic Elford, damaliger Leader der britischen Tourenwagenmeisterschaft, den heißen Atem unseres Ungetüms am Heckblech seines 911er verspürte . . .

Meine Erlebnisse mit dem 2002 würden viele Seiten füllen – nur so viel sei noch gesagt: Der BMW 2002 ist mir wie kaum ein anderes Rennfahrzeug echt ans Herz gewachsen, er war in jeder Beziehung ein echter „Winner".

Es gibt wohl kaum ein Auto, dessen Geschichte so eng mit dem Motorsport verbunden ist, wie den 02. Über ein Jahrzehnt prägte der kompakte BMW nachhaltig die Rennsportszene. Egal, ob als professionell vorbereiteter Werkswagen, mit Tunerhilfe präpariertes Wettbewerbsfahrzeug oder als Clubsportfahrzeug, das in der Woche zum Brötchenholen diente: Unzählige 02 stellten sich auf der Rennstrecke erfolgreich der Konkurrenz reinrassiger Sportwagen.

Automobilsport mit BMW-Fahrzeugen gab es in der Nachkriegszeit früher als Automobile von BMW. Schon das unterstreicht die enge Verbindung zwischen den Bayern und dem Motorsport. Fahrer wie Hans Stuck und Alex von Falkenhausen starteten schon Ende der Vierziger Jahre auf Veritas- oder AFM-Sportwagen, die im Grunde nichts anderes als Weiterentwicklungen der legendären BMW 328-Vorkriegstypen waren.

Hoffnungsträger für BMW und Sport: Der 700

Mangels geeigneter Basisfahrzeuge schlief die Motorsporttradition mit BMW-Fahrzeugen in den fünfziger Jahren ein. Lediglich Hans Stuck hielt in den damals sehr populären Bergrennen mit seinem 507 die BMW-Farben hoch. Frischen Wind für den Automobilhersteller brachte der 700: Der „Carrera unter den Kleinwagen" fuhr nicht nur BMW aus der Krise, sondern erwies sich außerdem noch für Hunderte von begeisterten Motorsportlern als preiswertes Einstiegsfahrzeug. In der Klasse bis 700 ccm war gegen die schnellen Heckmotor-Flitzer lange Zeit kein Kraut gewachsen. Hans Stuck wurde 1960 – als mittlerweile Sechzigjähriger – sogar auf BMW 700 RS Deutscher Bergmeister. Und noch 1970 konnte man bei internationalen Tourenwagenrennen in der Klasse bis 1000 ccm den einen oder anderen 700 am Start sehen.

Seine volle Blüte entfaltete der weiß-blaue Motorsport allerdings erst mit dem Erscheinen der Neuen Klasse. Am 1. April 1964 homologierte die Sportbehörde den 1800 TI als Serientourenwagen. Die 110 PS des drehfreudigen, sportlichen Motors und das ausgezeichnete Fahrwerk mit der legendären Schräglenker-Hinterachse stempelten die Mittelklasselimousine zum heißen Anwärter auf Klassensiege.

Auftakt nach Maß: Der 1800 TI als Abonnements-Klassensieger

Bereits zwölf Tage später konnte BMW-Versuchsingenieur Heinz Eppelein beim Bad Neuenahrer Bergpreis den ersten Tourenwagen-Sieg für die Neue Klasse erringen. Obwohl in der Klasse bis 2000 cm^3 angetreten, unterbot Eppelein sogar die Zeit die Bestzeit der Klasse über 2500 cm^3. Ein Motorsport-Auftakt wie im Bilderbuch.

Eine Woche später stellte Alex von Falkenhausen beim Bergrennen in Eberbach dem von ihm konstruierten Motor des 1800 TI mit einem Klassensieg selbst ein hervorragendes Zeugnis aus: Versuchsingenieur und Motorenkonstrukteur waren sich also nicht zu schade, die Früchte ihrer Arbeit selbst auf der Rennstrecke zu demonstrieren.

Auch auf der Rundstrecke fuhr der 1800 TI gleich auf Erfolgskurs. Beim Flugplatzrennen in Trier am 3. Mai 1964 war es erstmals Hubert Hahne, der den Tourenwagen-Gesamtsieg sicherte. Beim Großen Preis von Berlin auf der Avus, am 20.5.1964, konnte Hahne – diesmal schon mit Werksunterstützung – diesen Erfolg wiederholen. Von da an waren der Düsseldorfer und sein 1800 TI fast jedes Wochenende auf einer Rennstrecke zu finden, fast immer mit einem Klassen-, oft mit einem Gesamtsieg. Unvergessen: Seine Duelle mit Peter Lindner auf Jaguar und Eugen Böhringer auf Mercedes 300 SE.

24 Stunden von Spa: 1964, 1965 und 1966 Siege für BMW

Bereits im Juli 1964 verbuchten Hubert Hahne und Rauno Aaltonen ihren ersten großen internationalen Erfolg: Sieg beim 24 Stunden-Rennen für Tourenwagen in Spa-Francorchamps. Damit stand fest: Der BMW war nicht nur schnell, sondern auch zuverlässig. Den Erfolg von 1964 konnten 1965 Pascale Ickx/Langlois und 1966 Hahne/Jacky Ickx (der jüngere Bruder von Pascale), schon auf dem 2000 TI, wiederholen.

Titel für die neue Klasse: Europameisterschaft 1966

Nur die große Überlegenheit der Lotus Cortinas und Alfa Romeo GTAs in der Klasse bis 1600 cm^3 verhinderte, daß BMW-Fahrer 1964 und 1965 den Tourenwagen-Europapokal gewinnen konnten. 1966 aber klappte es endlich: Hubert Hahne holte sich auf BMW 2000 TI erstmals den Europa-Tourenwagenpokal. Auch im nationalen Championat gab es eine Erfolgsmeldung. Josef Schnitzer aus Freilassing stand mit seinem BMW 2000 TI am Ende der Saison punktgleich mit Herbert Schulze auf Alfa Romeo GTA als Deutscher Rundstreckenmeister für Tourenwagen fest.

Alex von Falkenhausen leitete auch lange die Sporteinsätze des Werks.

Die Neue Klasse ließ die alte Sporttradition wieder aufleben.

Im Rennsport lösten die Zweitürer die Neue Klasse bald ab.

Niedriges Gewicht, höhere Chancen: Der 02 greift ein

Als im Frühjahr 1966 der 1600-2 die Bühne der Autowelt betrat, wartete die Sportfahrer-Welt natürlich auf eine sportliche Version des kleinen BMWs. Die kompakteren

Abmessungen, das phantastische Fahrwerk und das niedrigere Gewicht versprachen in der Klasse bis 1600 ccm bei entsprechender Motorisierung eine echte Chance gegen die übermächtig scheinenden Alfas. Und schon im Oktober 1966 hatte Burkhard Bovensiepen mit seinem Renntourenwagen auf 1600-2-Basis gezeigt, was technisch aus dem 1600-2 herauszuholen war (siehe Kapitel „Tuning"). Dabei war der Allgäuer Tuner beileibe nicht der einzige. Auch der Saarländer BMW-Händler, Rennfahrer und Tuner Jürgen Grähser bot ab Februar 1967 einen 1600-2 Renntourenwagen mit 155 PS an. Ebenfalls im 1600-2 Tuninggeschäft: Die BMW Vertragshändler Peter Koepchen und Josef Schnitzer.

Für die Saison 1967 waren die superschnellen 1600-2 mit 150 und mehr PS freilich nur in der Klasse der Grand-

Auch im Rallyesport erfolgreich: BMW 1600 TI.

Tourisme homologiert. Schließlich gab es serienmäßig noch keinen 1600-2 mit Doppelvergasern. Wer bei den Tourenwagen mitmischen wollte, mußte sich mit den 105 PS begnügen, die Burkhard Bovensiepen mit nur einem Vergaser, dafür aber scharfer Nockenwelle und überarbeitetem Zylinderkopf aus dem Vierzylinder-Motor holte.

1967: Helmut Bein ist Deutscher Rallyemeister

Das Jahr 1967 war denn auch – zumindest auf der Rundstrecke – noch nicht das Jahr des 1600-2. Allenfalls Jürgen Grähser am Berg in der Klasse der Spezialtourenwagen und Helmut Bein in der Deutschen Rallye-Meisterschaft machten auf den kleinen BMW aufmerksam. Bein gewann auch den ersten Titel: Auf BMW 1600-2 wurde er Deutscher Rallyemeister.

Auf den Rundstrecken war dagegen von den zweitürigen Limousinen aus Bayern noch nicht viel zu sehen. Hier beherrschten Porsche 911 und Alfa Romeo GTA das Geschehen. Kein Wunder: Die Bayerischen Motoren Werke hatten 1967 ihre Aktivitäten weg von den Tourenwagen auf die Europa-Bergmeisterschaft für zweisitzige Sportwagen verlagert. Erst die langersehnte Präsentation des 1600 TI ließ auf bessere Zeiten für den Tourenwagensport hoffen . . .

205 PS für die Gruppe 5: BMW macht Ernst

Nach einem mageren 1967 bliesen die Münchener 1968 zum Großangriff. Das Jahr sollte BMW nicht nur bei den Serientourenwagen – hier mit dem 1600 TI – Erfolge für die weiß-blaue Marke bringen. In der Gruppe 5 der Spezialtourenwagen bereitete Rennleiter Klaus Steinmetz einen 1600-2 mit Zweiliter-Motor vor, der mit Kugelfischer-Benzineinspritzung über 200 PS leisten sollte. Als zukünftige Piloten dieses Boliden stellte die Rennleitung im Februar Hubert Hahne und Dieter Quester vor. Sie sollten im Tourenwagen-Europapokal die Triumphe für BMW holen.

Hintergrund des Engagements für den kleinen BMW war sicherlich auch die Reglement-Änderung für die Rennsaison 1968: Die vorher in der GT-Division homologierten Porsche und Alfas durften nun ebenfalls in der Tourenwagenklasse bis 2000 ccm starten. Damit war der bis dahin sieggewohnte viertürige 2000 TI schlagartig ohne Chancen. Die 200 PS leistenden „kleinen" BMWs standen nun so potenten Konkurrenten wie dem 230 PS-Porsche Helmut Kelleners oder dem Alfa GTA-Kompressor von Michael Weber gegenüber.

Überraschend hatte sich auch BMW-Tuner Schnitzer mit einem für jeden ambitionierten Sportfahrer käuflichen Einspritzmotor für den 2002 ins Gespräch gebracht. 205 PS bei 7400 U/min gab der Freilassinger Tuner für sein Aggregat an.

Gerade die Einführung des 2002, dem auch eine TI-Version folgen sollte, ließ zusätzlich zum 1600 TI auch noch in der Klasse der Serientourenwagen bis 2000 cm^3 auf Erfolge hoffen.

Gespannt waren die Motorsport-Fans aber vor allem auf die Läufe zum Tourenwagen-Europapokal. Beim ersten Lauf, den vier Stunden von Monza, war das BMW-Werksteam nicht am Start – die Wagen waren nicht rechtzeitig fertiggeworden. Helmut Kelleners auf Porsche 911 hatte den traditionellen Saisonauftakt für sich entscheiden können. Beim zweiten Lauf in Wien-Aspern, dem Großen Preis von Wien, mußte das Werksteam unglücklicherweise auf Hubert Hahne verzichten. Er hatte sich bei einem Unfall während der 2002-Versuchsfahrten auf dem Nürburgring verletzt. Dieter Quester steuerte also alleine einen Werks-BMW. Versuchsingenieur Dieter Basche, der auf einem von Schnitzer vorbereiteten 2002 gemeldet war, komplettierte das bayerische Aufgebot.

Der erste Gesamtsieg: Triumph im Europapokal

Die Frage, ob sich die Neulinge aus München und Freilassing gegen die etablierte Konkurrenz durchsetzen würden, war schnell beantwortet: Der Werks-BMW von Dieter

Die Kotflügel bekamen bald den Spitznamen „Fledermausohren".

Quester übertraf die kühnsten Erwartungen. Im allerersten Rennen mit dem 2002 fuhr der Österreicher einen Start-Ziel-Sieg für die Bayern heraus und stellte dabei ganz nebenbei einen neuen Rundenrekord für Tourenwagen auf. Dieter Basche auf dem Schnitzer-BMW kam wegens eines Boxenstopps zwar nur auf Rang 10, aber der 2002 hatte der Konkurrenz erstmals gezeigt, mit wem künftig zu rechnen sei.

Nach einem dritten Platz in Snetterton und einem Sieg in Brünn feierte das Werks-Team dann am 7. Juli 1968, beim Großen Preis der Tourenwagen auf dem Nürburgring, einen begeisternden Doppelsieg. Hahne/Quester gewannen vor Ahrens/Quester – Dieter Quester war mit dem 2002 von Ahrens gestartet und hatte nach zwei Drittel der Renndistanz den Wagen von Hahne übernommen und ins Ziel gebracht. „auto, motor und sport" feierte diesen Sieg als „größten Nachkriegs-Erfolg für BMW".

Bereits im Training hatten sich die BMWs in die Favoritenrolle gebracht. Hubert Hahne und Dieter Quester fuhren Rundenzeiten um 8:45 Minuten. Erst 1966 hatte Hahne auf dem 1800 TI in der „grünen Hölle" mit 9:58,2 erstmals in einem Tourenwagen die 10-Minuten-Grenze durchbrochen.

Im ersten Jahr: Dieter Quester Europameister

Nachdem Hahne/Quester Zweite im tschechischen Brünn und Quester Dritter sowohl in Zandvoort/Niederlande wie auch in Jarama/Spanien geworden war, stand der Österreicher auf BMW als Gewinner des Tourenwagen-Europapokals fest. Gleich im ersten „richtigen" Motorsportjahr hatte der 2002 also einen internationalen Titel für BMW gewinnen können.

Aber auch bei den Serientourenwagen gelang es den 1600 TI-Fahrern immer öfter, in die Phalanx der Alfas einzubrechen. Zweite und dritte Plätze beim Krähberg-Rennen und ein dritter Platz beim Großen Preis von Hokkenheim ließen die Monotonie der Siegerlisten auf denen hinter den Namen der Plazierten stets: „. . . alle Alfa Romeo GTA" geschrieben stand, in Vergessenheit geraten.

Und BMW-Ingenieur Ernst Furtmayr hielt immer noch in der Europa-Bergmeisterschaft die weiß-blaue Fahne hoch. In seinem Schnitzer-getunten 2002 war er bester europäischer Tourenwagenpilot der Bergrenn-Saison 1968.

Stolz kündeten denn auch Anzeigen der Bayerischen Motoren Werke am Ende des Jahres von der beeindruk-

Die Tourenwagen-Europameisterschaft 1969 stand im Zeichen des Duells zwischen dem Werksteam aus München und den Alpina-BMWs aus dem Allgäu.

BMW
153

SB-EP 990

Auch eine BMW-Domäne: Tourenwagen-Bergrennsport.

kenden Erfolgsbilanz: „BMW gewann 1968 den Tourenwagen-Europapokal und die Europa-Bergmeisterschaft für Tourenwagen. Errang 101 Gesamtsiege, 152 Kategoriesiege, 1099 Klassensiege und 996 Goldmedaillen!"

Auch 1969: BMW 2002 bester europäischer Tourenwagen

Die beeindruckende Erfolgsserie des 02 sollte sich 1969 übergangslos fortsetzen. Bereits bei den ersten beiden Rennen zum Tourenwagen-Europapokal verzeichneten die Chronisten wieder einen Sieg für den BMW 2002. Nur: Diesmal hatte nicht einer der siegesgewohnten Werkswagen als erster die Ziellinie überfahren, sondern die krassen Außenseiter Günter Huber und Jürgen Neuhaus auf ihrem orange-schwarz bemalten BMW-Alpina.

Das Werksteam nahm die Herausforderung an und blies zur Aufrüstung. Bei Rennen mit kurzer Distanz starteten die weißen Werkswagen fortan mit Turbokraft. Die Motorenabteilung pflanzte dem 210 PS starken Zweiliter-Einspritzer einen Abgasturbolader auf, mit dessen Hilfe sie schier unglaubliche 280 PS aus dem Aggregat kitzelten. Damit die Räder beim Anfahren und Beschleunigen in den unteren Gängen nicht hoffnungslos durchdrehten, waren breitere Reifen als die bisher verwendeten erforderlich. Das aber war gar nicht so einfach: Die schmalen Radhäuser ließen ein größeres Format kaum zu. Also behalf man sich mit bauchigen Kotflügelverbreiterungen – damals ein Novum – und installierte vorne 245er und hinten 260er Formel 2-Reifen, die die Leistung in wirkungsvollen Vortrieb umsetzen sollten.

Klarer Fall, daß wieder das Werk dominierte. Beim Großen Preis von Jugoslawien gewann Dieter Quester die Division III. Und wiederholte seinen Sieg in den nachfolgenden Rennen von Brünn sowie bei den 6 Stunden von Brands Hatch. Auf der englischen Grand-Prix-Strecke wurde der Turbomotor erstmals über eine längere Distanz eingesetzt. Der „aufgeblasene" 2002 zeigte sich so überlegen, daß er trotz zahlreicher Boxenstopps (Elektrikprobleme) noch als Erster in Ziel kam.

Die nächsten drei Läufe gingen auf das Konto der Porsche 911, doch bei den „3 Stunden von Jarama" am 28. September 1968 konnte Quester mit einem Gesamtsieg den Europameistertitel des Vorjahres erfolgreich verteidigen – knapp vor dem Alpina-Team.

Der BMW-Sieg in diesem heißumkämpften Championat sprach vor allem für die Qualitäten des 02, den man nun endgültig als besten Renn-Tourenwagen Europas bezeichnen konnte. Schließlich hatte die viersitzige Limousine – aerodynamisch gewiß keine Meisterleistung – erneut Fahrzeuge wie den Porsche 911 oder die 2+2-sitzigen Alfas auf die Plätze verwiesen, die von ihrer

Premiere für den Weltmeister: Auch Hans Stuck begann auf BMW 2002.

Konzeption viel eher auf den Motorsport zugeschnitten waren. Er stellte aber auch der professionellen Tuning-Arbeit der Alpina-Mannschaft ein hervorragendes Zeugnis aus, der es fast gelungen wäre, ein Werksteam mit den eigenen Waffen zu schlagen. Interessant war dabei vor allem, daß der Alpina-Motor noch immer mit Doppelvergasern ausgerüstet war, während die Werks- und auch die Schnitzer-BMW längst auf die Benzineinspritzung vertrauten.

◄ Hier fährt der Chef: Der Saarbrückener BMW-Händler und -Tuner Jürgen Grähser griff bei Berg- und Tourenwagenrennen gern selbst ins Lenkrad.

Erfolg auf breiter Basis

Auch GS-Tuning mischte im Kampf um Titel und Trophäen kräftig mit.

Nicht nur Alpina konnte 1969 als großes Jahr feiern. Auch die Bilanz der von Schnitzer getunten Koepchen-BMWs sah hervorragend aus: Bei 26 offiziellen Starts gab es 23 Siege. Ein Schnitzer-BMW 2002 ti war es denn auch, mit dem Ernst Furtmayr die Tourenwagenklasse der Europa-Bergmeisterschaft erneut überlegen gewann.

Etwas weniger erfolgreich verlief das Jahr bei der Deutschen Automobil-Rundstrecken-Meisterschaft in der Klasse bis 1600 cm^3. In der Division 2 gelang es den circa 170 PS starken Alpina 1600 TI nie, an die Alfa GTA und vor allem an die in dieser Saison erstmals auftrumpfenden Ford Escort TC heranzukommen. Handicap: Das hohe Gewicht. Der 1600 TI durfte laut Homologationsbestimmungen minimal 890 kg wiegen, der Escort brachte dagegen nur 780 kg, der Alfa GTA gar nur 760 kg auf die Waage.

Dafür schlugen sich die Koepchen-, Schnitzer- und Alpina-getunten 2002 ti in der Klasse bis zwei Liter zunächst hervorragend. Bei den ersten drei Rennen standen in Faßberg und in Zolder Alpina-Pilot Jürgen Neuhaus und auf dem Nürburgring Schnitzer-Pilot Ernst

Bei der urwüchsigen Kraft der getunten BMWs konnten die Vorderräder schon einmal kurzfristig den Bodenkontakt verlieren . . .

Tuning komplett: Schon 1967 bot Alpina Umbausätze und komplette Fahrzeuge auf Basis der zweitürigen Limousine an.

Auch die Koepchen-BMWs mischten im Renngeschehen und im Tuning-Geschäft kräftig mit.

Ungebrochene Beliebtheit: Auch Ende der achtziger Jahre ist der 2002 bevorzugtes Rennsportgerät zahlreicher Privatfahrer.

Auch ohne dekoratives Modell machte das Alpina-Programm Anfang der siebziger Jahre eine gute Figur.

Furtmayr ganz oben auf dem Siegertreppchen. Als sich jedoch abzeichnete, daß die Meisterschaft in den kleineren Klassen entschieden würde – Dieter Glemser siegte in der Klasse bis 1600 cmm nach Belieben – kochte das Tuner-Engagement für den Rest der Saison auf Sparflamme.

Auch auf Schotter: Ideales Einstiegsfahrzeug

Erfolgsmeldungen kamen dagegen aus dem Lager der Rallye-Fahrer: Wieder war es Helmut Bein, der 1969 auf BMW 2002 die Deutsche Rallyemeisterschaft gewinnen konnte. Wie verbreitet der 2002 auch 1970 im Rallye-Sport war, zeigt ein Blick auf die Starterliste der Rallye Monte Carlo: 27 Fahrer hatten die schnelle Limousine zum Fahrzeug ihrer Wahl auserkoren; damit war der 2002 das mit Abstand meistvertretene Fahrzeug im Teilnehmerfeld. Und das ohne Werksunterstützung. Wer ein konkurrenzfähiges Auto in der Klasse der Serientourenwagen suchte, kam am 2002 nicht mehr vorbei. Kleiner Schönheitsfehler: Klassensieger in der „BMW-Klasse" der Monte 1970 wurde kein BMW-Pilot, sondern Ragnotti/Thimonier auf Opel Kadett 1900.

Das aber war die Ausnahme: Beim ersten Lauf zur Deutschen Rallyemeisterschaft 1970, der Bayerischen Win-

Europameister 1970: Dr. Helmut Marko – wieder auf BMW 2002.

terrallye, gewann Helmut Bein die Gesamtwertung – unter den ersten sieben des Klassements fuhren allein sechs Fahrerteams einen BMW 2002!

1970: Kein Werksengagement im Tourenwagensport

Eine Neuordnung brachte das Reglement der Tourenwagen-Europameisterschaft für 1970: Die CSI, die oberste internationale Motorsportbehörde, verbot mit Turbokraft aufgeblasene Tourenwagen – es sei denn, auch in der Serie wären mindestens 1000 Turbo-Exemplare vom Band gelaufen. Daran aber dachte bei BMW 1970 noch niemand. Und gegen die groteskerweise als Tourenwagen

Der Turbomotor des Werks-Tourenwagen leistete über 270 PS.

homologierten Porsche 911 – normalerweise hatten Tourenwagen vier Sitzplätze zu bieten – rechnete sich die Rennabteilung um Rennleiter Klaus Steinmetz mit dem normalen Einspritzmotor in der Saison 1970 kaum noch Chancen aus.

Kein Wunder also, daß das Werk im Tourenwagensport 1970 seine Aktivitäten weitestgehend einstellte und alle Anstrengungen in die Formel 2 steckte. Freie Fahrt also für Schnitzer und Alpina. Die Freilassinger hatten die Deutsche Rundstreckenmeisterschaft sowie die Teilnahme an einigen internationalen Rennen im Visier, während der Allgäuer Bovensiepen den Tourenwagen-Europapokal anstrebte, der jetzt offiziell Tourenwagen-Europameisterschaft hieß. Auf den Gesamtsieg fuhren aber nicht mehr die 2002, sondern die 300 PS starken 2800 CS-Coupés. Gegen die erstmals antretenden Werks-Capris und Zwei-Liter Alfas räumte man dem 2002 wenig Chancen ein.

Dafür trat in der Division II – bis 1,6 Liter Hubraum – der Österreicher Dr. Helmut Marko auf seinem Alpina 1600 TI gegen die Alfas, Escorts und Austin-Coopers an. Und das mit Erfolg: Beim zweiten Lauf zur Tourenwagen-Europameisterschaft auf dem Salzburgring überrundete Sieger Marko alle nächstplazierten seiner Division! Schon bei den nächsten beiden Rennen, dem Großen Preis von Brünn und den 24 Stunden von Spa-Francorchamps, konnten Alpina-Ingenieur Gert Hack und Koob/Herzog den Klassensieg wiederholen. Im Tourenwagenrennen von Zandvoort war es dann wieder Dr. Marko, der den Champagner entkorken durfte.

Und zum dritten...: Auch 1970 wieder Europameister

Markos Sieg beim letzten Lauf zur Tourenwagen-Europameisterschaft, den 4 Stunden von Jarama, sicherte BMW zum dritten Mal hintereinander den Markenpokal. Und das nicht – wie allgemein erwartet – mit den 2,8 Liter-Coupés, sondern wiederum mit den kleinen Typen. Erstmals seit ihrem Start auf den internationalen Rennstrekken hatten die 1600 TI ihre Erzfeinde, die Alfa GTAs, bezwingen können.

Auch im nationalen Championat siegten die 02-er weiter überlegen in ihren Klassen. Der zweite Lauf zur Deutschen Tourenwagenmeisterschaft 1970, das Kaufbeurener Flugplatzrennen, war sicher nicht nur deswegen interessant, weil der Alpina 1600 TI mit Dieter Hegels sowie ein Koepchen 2002 TI jeweils ihre Klassen gewannen. Interessant aus heutiger Sicht ist vor allem, daß am Steuer des siegreichen 2002 TI erstmals der junge Hans Stuck saß. Auch für den späteren Gruppe C-Weltmeister und Werksfahrer in Diensten von Ford, BMW und Porsche, begann die Rennfahrerkarriere auf einem BMW 2002. In der Endabrechnung der Tourenwagenmeisterschaft von 1970 hatte sich der 19-jährige – den sein Vater für's 300 Kilometer-Rennen auf dem Nürburgring in der Schule krankmelden mußte – freilich noch nicht durchsetzen können. Deutscher Meister wurde nach acht Läufen und einem spannenden Finish in Hockenheim Dieter Hegels auf Alpina BMW 1600 TI.

Dafür konnte Stuck einen publicity-trächtigen Erfolg einheimsen: Zusammen mit Clemens Schicketanz gewann er das Gesamtklassement des 24 Stunden Rennens für Tourenwagen auf dem Nürburgring. Auch diese harte Langstreckenprüfung geriet zum totalen BMW-Triumph: Nach 2821 Kilometern, die das Siegerfahrzeug zurücklegte, fanden sich insgesamt neun 2002 TI unter den ersten zehn aller ins Ziel kommenden Fahrzeuge.

Noch zwei weitere Titel brachte das Jahr 1970 für BMW: Walter Struckmann sicherte sich in überlegener Manier den Titel des Deutschen Bergmeisters bei den Tourenwagen. Und Helmut Bein (mit Beifahrer Christoph Memel) gewann bereits zum dritten Mal den Titel des Deutschen Rallyemeisters. Sein Siegerfahrzeug: ein BMW 2002 ti Alpina.

Immer für einen Sieg gut: Die Kombination Dieter Quester–BMW 2002 galt es 1968 und 1969 im europäischen Tourenwagensport zu schlagen.

Noch beeindruckender als die nationale Erfolgsbilanz liest sich freilich die internationale: 23 Titel des internationalen Automobilsports gingen allein an BMW. Acht Titel davon waren allein der Firma Alpina zuzuschreiben.

Die Endstufe: Mit dem 400 PS starken Schnitzer-BMW 2002 begann in der Deutschen Rennsportmeisterschaft das Turbo-Zeitalter.

Im heute noch aktuellen Alpina-Streifendesign verabschiedete sich der 2002 1975 von der aktuellen Tuning-Szene.

Auch heute ist der 2002 dank seiner zahlreicher Fans unter den Hobby-Rennfahrern noch ein echter »Winner«.

Ob das 02-Tuning 1989 schöner geworden ist? Wohl eher eine Frage des persönlichen Geschmacks ...

Lieferten sich heftige Duelle: Werks- und Alpina 2002 TI.

1971: Wieder mehr Tourenwagensport

1971 sollte es – zumindest inoffiziell – wieder Werksunterstützung für die Tourenwagen geben. Grund: Die Bayerischen Motoren Werke hatten sich mit einer einstimmigen Vorstandsentscheidung Ende 1970 aus ihrem 1968 begonnenen Formel 2-Abenteuer zurückgezogen. Und das, obwohl die zweite Hälfte der Saison 1970 ausgesprochen erfolgreich verlaufen war: Sechs Siege in acht Rennen dokumentierten eindrucksvoll die BMW-Überlegenheit.

Grund des Rückzuges waren auch keinesfalls enttäuschte Erfolgserwartungen. In Deutschland herrschte Anfang der siebziger Jahre – bezogen auf den Formelsport – eine ausgesprochen motorsportfeindliche Stimmung. Zahlreiche tödliche Unfälle hatten 1969 und 1970 die Formel-Rennen überschattet. Tragischer Höhepunkt war im September 1970 der Todessturz des später posthum zum Weltmeister gekürten Jochen Rindt – für BMW-Werksfahrer und Rindt-Freund Hubert Hahne Grund, sich vom aktiven Rennsport zurückzuziehen.

Die BMW-Oberen befürchteten offenbar ein Negativ-Image, das die sportlichen Erfolge überschatten könnte. Von einem erneuten Einstieg in den Tourenwagensport versprach man sich dagegen eine stärkere Identifikation von sportlichen Erfolgen mit der Qualität der Serienprodukte.

Dabei sollte wieder an mehreren Fronten gleichzeitig gekämpft werden. Die Alpina-Mannschaft wurde von München beauftragt, die Tourenwagen-Europameisterschaft mit zwei BMW 2002 und zwei Dreiliter-Coupés zu beschicken. Auch Peter Koepchen aus dem Rheinland meldete einen Zweiliter-Wagen zu den Europameisterschaftsrennen. Schnitzer-BMWs sollten zudem die BMW-Tourenwagen-Vorherrschaft am Berg sichern.

1971: Ford überholt BMW

Doch 1971 wurde in der Tourenwagen-Europameisterschaft zum Triumphjahr für Ford. Der Capri RS dominierte in der Division III über 2000 ccm nach Belieben. Nur zweimal, beim Saisonauftakt in Monza sowie in Zandvoort, gelang es Dieter Quester, sich auf dem BMW-Alpina 2,8 CS gegen die Kölner Coupés durchzusetzen.

In der kleinen Klasse bis 2000 ccm sah es nicht viel besser aus: Hier bestimmten der Ford Escort RS unter John Fitzpatrick und der Alfa GTAm unter Toine Hezemanns das Geschehen. Leistungsmäßig war der Escort dem 210 PS leistenden BMW 2002 klar überlegen: Unter die Escort-Haube hatten die Ford-Ingenieure einfach ein Formel 2-Triebwerk mit 235 PS gepackt. Das 1,6 Liter Vierventil-Triebwerk mit zwei obenliegenden Nockenwellen war deswegen homologiert, weil es vom Escort eine käufliche Serienversion mit Vierventilmotor gab. Damit schienen die Wooding- oder Zakspeed-getunten Kölner Kleinwagen nahezu unbezwingbar. Am Ende reichte es nicht einmal für einen Divisionssieg der im Vorjahr noch so starken BMW 2002.

Auch am Berg konnte sich der 2002 ti nicht mehr so nachdrücklich wie gewohnt in Szene setzen. Der Schweizer Walter Brun gewann zwar das Europa-Bergmeisterschafts-Tourenwagenklassement auf BMW, aber auf einem 2,8 CS. Der überlegene Tourenwagen der Klasse bis zwei Liter war nicht mehr der BMW 2002 ti, sondern Helmut Manders Irmscher-Kadett.

Selbst auf nationaler Ebene war es 1971 mit der BMW-Vorherrschaft vorbei. Jochen Mass gewann auf dem Ford Capri RS die Automobil-Rundstrecken-Meisterschaft, Dieter Kern auf Renault Alpine die Deutsche Bergmeisterschaft. Der gegenüber der Konkurrenz um 100 Kilogramm schwerere 2002 ti von Berg-Vorjahressieger Walter Struckmann konnte sich in der Klasse bis 1600 ccm gegen die schnellen Escorts von Schommers und Sommer nicht mehr durchsetzen. In der Klasse bis zwei Liter beherrschten in der Bergmeisterschaft zwar nach wie vor die BMW 2002 zahlenmäßig die Startfelder, aber kein Fahrer konnte so gleichmäßig punkten, daß er am Ende über den Ausgang der Meisterschaft ein Wort hätte mitreden können.

Lediglich in der Deutschen Rallyemeisterschaft konnte der 2002 seine Überlegenheit aus den Vorjahren verteidigen. Auch der Meister des Jahres 1971 errang seinen Titel auf einer der erfolgsverwöhnten kleinen Limousinen.

Auch 1972: Keine Chance gegen Vierventil-Escorts

Ein unverändertes Bild auch 1972: Die Überlegenheit der Capris geriet sogar noch deutlicher als 1971. Lediglich in der Klasse bis zwei Liter konnten die BMW 2002 den Ford Escort 1600 RS noch einiges entgegensetzen. Harald Ertl gelang auf dem Salzburgring ein Divisionssieg, den Basche/Barth beim Großen Preis der Tourenwagen auf dem Nürburgring wiederholen konnten. Trotzdem hieß am Ende, aufgrund der drückenden Überlegenheit in der Klasse bis 1300 ccm, der Markenpokalsieger Alfa Romeo, gefolgt von Ford (Division III, Escort) und nochmal Ford (Division II, Capri). Erst auf dem vierten Platz hatten sich die Bayern mit dem Coupé klassifizieren können. Tourenwagen-Europameister wurde Jochen Mass auf Ford Capri RS.

In der Zweiliterklasse fuhren die kompakten BMWs selbst den sieggewohnten Porsche 911 davon.

Auch national blieb die Situation düster. Hans Stuck junior, seit Beginn der Saison bei Ford unter Vertrag, siegte überlegen in der neugeordneten Deutschen Automobil-Meisterschaft.

Achtungserfolge brachte dafür die Rallye-Weltmeisterschaft. Der Vorjahresmeister Achim Warmbold, jetzt auf BMW 2002 Alpina, konnte der etablierten Konkurrenz ein ums andere Mal die Tauglichkeit des 2002 als Rallye-Fahrzeug demonstrieren. Bei der Rallye Akropolis belegten Warmbold/Dörfler den dritten Platz. Noch erfolgreicher aber war Warmbold bei der Europa-Rallyemeisterschaft: Ein Sieg bei der TAP-Rallye Portugal gegen die gesamte Weltelite und zwei zweite Plätze bescherten dem BMW-Piloten in der Endabrechnung einen 5. Platz im europäischen Championat.

Einen Titel für BMW gab es schließlich in der nationalen Rallyemeisterschaft. Nach neun Läufen konnte sich Rainer Zweibäumer auf BMW-Alpina 2002 gegen die starke Konkurrenz durchsetzen. Auch der vierte Platz der Meisterschaft ging an BMW: Reinhard Hainbach hatte bei drei Meisterschaftsläufen die Nase vorn.

1973: Vier Ventile für den 2002

Die Ford-Monotonie, die sich 1971 und 1972 im internationalen Tourenwagensport breitgemacht hatte, rief die Kommissare der Motorsportbehörde CSI auf den Plan. Denn der Motorsport lebt von der Konkurrenz – es galt zu untersuchen, ob das Reglement nicht einige Firmen übervorteile. Die Konsequenz: 1973 wurde das Reglement der Tourenwagen-Europameisterschaft geändert.

Wer in der Serie eine obenliegende Nockenwelle verwendete, durfte bei den Renntourenwagen jetzt auch zwei

Seriennah, aber dennoch immer mit Siegeschancen: 2002 TI Alpina.

obenliegende Nockenwellen und vier Ventile pro Zylinder einbauen. Eine Serienfertigung von Vierventilköpfen verlangte die CSI nun also nicht mehr. Nur 100 solchermaßen modifizierte Zylinderköpfe eines Typs mußten hergestellt werden, dann durften auch die Tourenwagen durch vier Ventile ein- und ausatmen.

Das eröffnete den Münchenern ganz neue Möglichkeiten. Denn parallel zur Regeländerung bei den Tourenwagen hatte es auch eine gleichlautende Regeländerung

Schmerzhafter Anblick für Fans: Turbo-Crash-Versuch.

Turbo-Look: Lederlenkrad, rote Instrumenteneinfassung.

Dank Turbolader wuchs die Leistung des Zweiliters auf 170 PS.

Die gewaltige Kraft des Turbomotors hatte mit der kompakten Karosserie des 2002 leichtes Spiel.

in der Formel 2 gegeben. Auch dort durften nun wieder, wie 1970, Vierventilköpfe eingesetzt werden. Selbst wenn das Serienaggregat, auf dem der Rennmotor basierte, nur zwei Ventile besaß. Auch hier wollte die CSI wieder die Wege für spannende Konkurrenzkämpfe ebnen. Der zulässige Hubraum der Formel 2-Boliden war bereits 1972 auf zwei Liter angehoben worden. Gleich zu Beginn des Jahres präsentierte die BMW-Rennsportabteilung also ein Zweiliter-Vierventilaggregat, das auf dem alten 1,6 Liter Formel 2-Motor basierte. Leistung: 280 PS bei 9000 U/min. Auf Jahre hinaus sollte dieser Motor in der Formel 2 dominieren, zuletzt mit über 320 PS. Außerdem wurde er Grundlage für den 1,5 Liter Formel 1-Motor, der Nelson Piquet 1981 im Brabham-BMW mit über 800 PS zur Fahrer-Weltmeisterschaft führte.

Doch international kam der Vierventiler nicht zum Tragen. Die Europameisterschaft wurde weiterhin in der großen Division zwischen dem Capri RS und dem neuen Leichtbau-Coupé von BMW ausgefahren. Aber im nationalen Championat, in der kleinen Division, waren die Rennsportfans gespannt. Wer würde den besseren Vierventiler bauen: Ford oder BMW?

Schockte ab 1968 die internationale Konkurrenz: Werks-2002.

Wer baut den besseren Vierventiler?

Beim Saisonauftakt, dem Eifelrennen am Nürburgring, zeigte der von Koepchen gemeldete Vierventiler mit Helmut Kelleners am Steuer noch nicht die notwendige Standfestigkeit. Der Sieg ging eindeutig an Dieter Glemser auf dem Ford Escort BDA. Doch beim zweiten Lauf, dem Flugplatzrennen von Mainz-Finthen, zeigten die BMWs schon im Training, daß sie ihren knappen Leistungsvorteil (260 gegenüber 250 PS) zu nutzen wußten: Dieter Basche und Helmut Kelleners belegten Rang 1 und 2. Und tatsächlich siegte Basche nach hartem Fight – und konnte damit nach langer Zeit erstmals wieder einen BMW-Sieg gegen die nun im dritten Jahr erfolgreichen Escorts landen.

1973 ging als das Jahr des großen Duells zwischen Ford und BMW in die Motorsportannalen ein. Während in der großen Division das Leichtbau-Coupé der Münchener das Heft eindeutig in die Hand nahm und mit dem Europameisterschafts-Gewinn die Capri-Vorherrschaft beendete, waren die Rennen der kleinen Division so spannend wie selten zuvor. Leistungsmäßig dicht beieinander, waren es vor allem Dieter Basche und Dieter Glemser, die in beinharten Duellen die Meisterschaft ausfochten. Bis zum vorletzten Lauf am Nürnberger Norisring führte Basche die Meisterschaftstabelle an, mußte sich dann aber der zahlenmäßig überlegenen Ford-Streitmacht beugen. Deutscher Meister wurde am Ende Dieter Glemser vor Capri-Pilot Hans Heyer und BMW-Pilot Dieter Basche. Aber immerhin: Der Vierventiler die Eintönigkeit beendet. Die Konkurrenz war wieder offen.

Vierventil-Zeiten gab es ab 1973 auch im Rallyesport. In der Rallye-Version leistete der von Schnitzer vorbereitete Motor immerhin noch 228 PS – eigentlich genug, um den überlegenen Renault Alpine Paroli bieten zu können. Doch technische Probleme begleiteten Achim Warmbold durch die ganze Saison. Lediglich bei der Internationalen Alpenfahrt, der ältesten Rallye der Welt, klappte es endlich: Warmbold/Todt gewannen erstmals für BMW einen Lauf zur Rallye-Weltmeisterschaft. In der Endabrechnung der Marken-Weltmeisterschaft belegte BMW schließlich den 6. Platz.

Die Ölkrise warf Ende 1973 dunkle Schatten auf den Motorsport. Die Frage nach seinem Sinn wurde angesichts zur Neige gehender Energievorräte immer lauter gestellt. Die Manager der großen Firmen zögerten zunächst, deutliches Engagament im Automobilsport zu zeigen. Dabei waren die Neuentwicklungen für die Saison 1974 schon vor der Ölkrise fertig: Auch in der großen Division hatte die Vierventiltechnik Einzug gehalten und die Motorleistungen auf über 400 PS getrieben. Diese fertigentwickelten PS-Monster jetzt einzusetzen, erschien nicht allen Verantwortlichen opportun: Beim Saisonauftakt auf dem Nürburgring fehlte BMW, beim zweiten Lauf waren die Vierventil-Capris nicht dabei.

Das Jahr der Tuner: Zakspeed gegen GS

Doch die privaten Tuner hielten die Fahnen der Marken hoch. Dieter Glemser konnte auf dem Zakspeed-Escort beim Eifelrennen seine Siegesserie aus dem Vorjahr fortsetzen. Beim zweiten Lauf in Mainz-Finthen wurden die Karten jedoch neu gemischt: Erstmals konnte sich Jörg Obermoser, der schon beim ersten Lauf Zweiter geworden war, auf dem GS-getunten 2002 gegen die Escort-Streitmacht durchsetzen und sich mit seinem Sieg in der kleinen Division an die Spitze der Meisterschaftstabelle setzen. Diese Position konnte Obermoser beim Rhein-Pokal in Hockenheim noch ausbauen, wo er (den durch einen schweren Trainingsunfall gehandicapten) Glemser deutlich distanzierte. GS-Teamchef war 1974 übrigens der im Jahr zuvor noch als Fahrer so erfolgreiche Dieter Basche.

Beim nachfolgenden Großen Preis der Tourenwagen ging das GS-Team leer aus. Nach sechs Stunden endete der Tourenwagen-Klassiker mit einer echten Sensation:

Das Gesamtklassement gewann nicht etwa ein Wagen der großen Division, sondern der Escort von Heyer/Hezemans, der nicht nur Leistung, sondern auch Standfestigkeit bewies. Um die Sensation perfekt zu machen, war auch der Zweite dieses denkwürdigen Rennens ein „Kleiner": Dieter Glemser pilotierte den Zakspeed-Escort und übernahm damit in der Meisterschaft erneut die Führung. Obermoser, der auf dem Nürburgring leer ausgegangen war, schlug aber schon beim Flughafenrennen von Diepholz zurück. Platz 2 hinter Toine Hezemans, der als Niederländer keine Punkte fürs deutsche Championat bekam, brachte 15 Punkte und wieder die Führung in der Meisterschaft.

Mit dem Sieg von Glemser beim Großen Preis von Europa auf dem Nürburgring avancierte die Rennsportmeisterschaft endgültig zum Thriller. Der dritte Platz von Obermoser ließ beide punktgleich die Meisterschaftstabelle anführen. In Hockenheim gelang es dem BMW-Piloten aber, den mit technischen Problemen kämpfenden Glemser erneut auf den zweiten Platz zu verweisen. Ergebnis: Sieg und Meisterschaftsführung für Jörg Obermoser. Doch die 200 Meilen von Nürnberg, der vorletzte Lauf zur Deutschen Meisterschaft, brachten den erneuten Ausgleich. Die Fortsetzung des gegenseitigen Schlagabtauschs ließ diesmal Glemser das Siegertreppchen erklimmen.

Achim Warmbold gelangen mit dem Sechzehnventil-2002 mehr als einmal Achtungserfolge bei internationalen Rallyes.

Motorsportkrimi: Saisonfinale 1974

Selten hatte es spannendere Vorzeichen für ein Saisonfinale gegeben. Die beiden Meisterschaftsführenden traten punktgleich und in der gleichen Klasse an. Ein Rad-an-Rad-Kampf schien also vorprogrammiert. Dem Gesetz der Serie folgend, nach dem Sieger und Besiegter bisher ständig abgewechselt hatten, hätte der Sieger eigentlich diesmal Jörg Obermoser heißen müssen. Doch es kam anders: Der Himmel öffnete kurz vor Rennbeginn seine Schleusen und Regenspezialist Glemser hatte keine Mühe, seinen etwas handlicheren Escort als erster über die Ziellinie zu

SCHNITZER
ATOMIC
SKI
Radio Tele Luxem
ZAKSPEED
RTL
Castrol

GS·TUNING·GS
EUROPAMÖBEL
BOSCH
200
RTL

Die hohen Leistungen erforderten immer mehr aerodynamische Hilfsmittel.

vorhergehende Seite: Norisring-Startfeld in der Blütezeit des deutschen Nachkriegs-Motorsports – der ewige Zweikampf Ford-BMW.

fahren. Jörg Obermoser hatte ihm die bis dahin spannendste Rennsaison in der Geschichte der Deutschen Rennsportmeisterschaft geliefert.

1975: Fortsetzung des Duells

Hauptbetätigungsfeld der 2002-Sportaktivitäten war 1975 wiederum die Deutsche Rennsportmeisterschaft. Der zweimalige Meister Dieter Glemser hatte zu Beginn der Saison seinen Rücktritt erklärt, Hans Heyer war der neue Top-Fahrer auf dem Zakspeed-Escort. Beim Saisonauftakt, dem traditionellen Eifelrennen, war es aber zunächst Klaus Ludwig auf dem Escort II, der dem Rennen seinen Stempel aufdrückte. Heyer auf dem „alten" Escort und Obermoser fielen technischen Defekten zum Opfer. Beim zweiten Lauf in Hockenheim sah sich Jörg Obermoser der drückenden Überlegenheit von fünf Zakspeed-Escorts gegenüber. Vier der ewigen Konkurrenten ließ er hinter sich, aber den führenden Hans Heyer mußte Obermoser ziehen lassen. Beim dritten Lauf in Mainz-Finthen fiel er gar mit Motorschaden aus. Ein zweiter Platz in Nürnberg und ein dritter Platz in Hockenheim – nach hartem Fight mit Ludwig und Heyer – ließen den BMW-Piloten erst auf dem siebten Platz in der Meisterschaftstabelle stehen. Mit der beabsichtigten Revanche für die Vorjahresniederlage schien es also nichts zu werden.

Ein zweiter Platz auf dem Nürburgring, ein Ausfall in Kassel-Calden, wiederum ein zweiter Platz in Hockenheim und ein erneuter zweiter Platz beim Saisonfinale vervollständigen die Bilanz von 1975. Am Ende war Jörg Obermoser Vierter der Deutschen Rennsportmeisterschaft – zu groß war auch in diesem Jahr die Escort-Übermacht gewesen, gegen die er mit seinem GS-getunten BMW fast allein hatte antreten müssen.

Für den BMW 2002 war es 1975 nicht die einzige gute Plazierung: Walter Struckmann wurde immerhin Vierter der Deutschen Bergmeisterschaft.

Im vierten Jahr: BMW 2002 gegen Ford Escort

Das letzte Jahr der „offiziellen" Motorsportgeschichte der 02-er Typen, 1976, begann mit einer Neuauflage des alten Dreikampfs Heyer-Ludwig-Obermoser. Doch beim Saisonauftakt war es überraschenderweise keiner der Ford-Piloten, sondern Jörg Obermoser, der die Nase vorn hatte. Wegen Motorproblemen am BMW reichte es beim zweiten Lauf aber nur zu einem dritten Rang. Auch beim dritten Lauf war Rang drei das höchste der Gefühle. Ausfall in Nürnberg, dritter Platz in Diepholz, wieder Dritter auf dem Nürburgring, Zweiter beim Preis der Nationen in Hockenheim und wieder Dritter auf der Südschleife des Nürburgrings sowie ein Ausfall beim Saisonfinale ließen 1976 zum „Jahr der dritten Plätze" werden. Wieder war die Zakspeed-Überlegenheit zu groß gewesen, trotz der gegen Ende der Saison immer stärker werdenden Unterstützung Obermosers durch den Schnitzer-Piloten Albrecht Krebs.

Aber: Auch 1976 hatte der 2002 noch einmal gezeigt, welches Potential in ihm steckte. Andreas Schall wurde auf seinem Schnitzer-BMW Zweiter des Deutschen Automobil-Rundstrecken-Pokals, Walter Struckmann erneut Vierter der Deutschen Bergmeisterschaft.

1977: Abschied mit Turbokraft

1977 stand schon klar im Zeichen des 02-Nachfolgers, des BMW 320. Seit langer Zeit nun wieder mit offizieller Werksunterstützung, die dem 2002 in den letzten Jahren versagt geblieben war, dominierte das „BMW-Junior-Team" mit Manfred Winkelhock, Eddie Cheever und Marc Surer in der kleinen Division erstmals seit 1970 wieder das Geschehen.

Ausgerechnet in seiner letzten Saison hatte der 2002 seinen stärksten Auftritt. Zu den Rennen der Deutschen Automobilsportmeisterschaft setzte Herbert Schnitzer erstmals einen auf 1,4 Liter reduzierten Vierzylindermotor mit Turboaufladung ein. Resultat: 400 PS! Nach technischen Problemen bei den ersten Rennen ließ Albrecht Krebs beim Flugplatzrennen in Kassel-Calden die gesamte Konkurrenz hinter sich. Sein Pech, daß ihm 1000 Meter vor dem Ziel der Sprit ausging... Doch Peter Hennige auf dem zweiten 2002 stellte den ersten Turbo-Triumph sicher.

Pech im weiteren Saisonverlauf verhinderte aber, daß der 2002 noch einmal in die Meisterschaftvergabe eingreifen konnte. Mit einem Sieg von Klaus Ludwig auf dem BMW-Schnitzer 2002 turbo im letzten Lauf, dem Bilstein-Supersprint auf dem Nürburgring, verabschiedete sich der stärkste 02, den es je gegeben hatte, von seinen Fans.

Auch sonst gelangen dem 2002 im zweiten Jahr nach seiner Produktionseinstellung immer wieder Achtungserfolge. Ein von Mirer/Buschor in der Tourenwagen-Europameisterschaft eingesetzter 2002-Alpina war ein ums andere Mal für Plazierungen unter den ersten Fünf gut. Auch in den Läufen zum Automobil-Rundstreckenpokal konnten sich die BMW 2002 bei den Spezialtourenwagen bis 2000 ccm zweimal als Klassensieger feiern lassen. Eine regelrechte 2002-Rennaissance brachte der Automobil-Bergpokal, bei dem, ebenfalls bei den Spezialtourenwagen bis 2000 ccm, in acht von zwölf Läufen ein BMW 2002 als Sieger abgewunken wurde. Selbst 1978 und 1979 waren gut vorbereitete 2002 immer noch für Klassensiege bei Bergrennen, Pokalrennen oder Automobil-Slaloms gut.

Weit über ein Jahrzehnt hatte der BMW 2002 dem Tourenwagensport seinen Stempel aufgedrückt und gilt mithin als einer der klassischen Tourenwagen schlechthin. Das Besondere an dieser Karriere, an deren Ende neben

Endstufe: Schnitzer-BMW 2002 turbo mit über 400 PS.

Im Formel 2- und im Tourenwagensport: Sechzehnventiler von Schnitzer.

den nationalen auch internationale Titel standen, war zweifellos, daß die schnellen, „kleinen" BMWs nicht nur in ihrer jeweiligen High-End-Version faszinieren und siegen konnten. Auch dem Privatfahrer, der bei seiner Budgetplanung jede Mark umdrehen muß, waren sie über Jahre hinaus eine Möglichkeit, relativ preiswert konkurrenzfähigen Motorsport zu betreiben. Dank der zahlreichen Tuning-Firmen waren den Möglichkeiten kaum Grenzen gesetzt. Zahllos sind daher auch die Privatfahrer-Erfolge, die bei regionalen Veranstaltungen – ob auf der Rundstrecke, bei Rallyes oder beim Slalom – das sportliche Image der weiß-blauen Marke untermauerten. Diese Erfolge haben einen großen Anteil an der ungebrochenen Beliebtheit des BMW 02.

Aus der Privatfahrer-Szene ist der 2002 auch Ende der achtziger Jahre kaum wegzudenken.

Die Rennmotoren

Ein Formel 2 aus Bayern

Die solide, drehzahlfeste Konstruktion und das Leistungspotential, das in dem Vierzylinder steckte, den Alex von Falkenhausen für die „Neue Klasse" entwickelt hatte, ließen das Aggregat bald zum bevorzugten Motor für den Sporteinsatz avancieren. Und das nicht nur für Tourenwagenfahrer: Schon bald sollte der bärenstarke Bayer in fast allen Bereichen des internationalen Motorsports auch in fremden Fahrgestellen seine Klasse unter Beweis stellen. Alex von Falkenhausen zieht – exklusiv für dieses Buch – eine Bilanz der Rennmotorengeschichte auf Vierzylinder-Basis.

Im August 1966 hatte die Presse sensationelles zu vermelden: „BMW baut einen Formelrennwagen", hießen die Schlagzeilen. Mit zwei Werkswagen wollte man ab 1967 in der Formel 2 mitmischen, die damals in der Öffentlichkeit fast ebenso große Beachtung fand wie die Königsdisziplin des Motorsports, die Formel 1. Die Formel 2 war damals auf 1600 ccm beschränkt. Ich war nach England gefahren, um ein gebrauchtes Brabham Formel 1-Chassis zu erwerben, mit dem die ersten Probefahrten durchgeführt wurden.

Antriebsquelle der Monoposti sollte der sagenumwobene Apfelbeck-Motor sein. Ludwig Apfelbeck hatte schon immer gedrängt, seine Motorenprinzip der kreuzweise angeordneten Ventile, das er schon bei Einzylindermotoren eingesetzt hatte, für diesen Rennmotor zu verwenden. Von der Theorie her haben wir das auch alle für das Beste gehalten, was man machen konnte: ein Halbkugelbrennraum, vier radial angeordnete Ventile, die Einlaßventile zwischen den Auslaßventilen, so daß eine gute Kühlung der Auslaßseite gewährleistet war.

Aber auch die Nachteile waren natürlich bekannt: Die komplizierte Ventilsteuerung. Ludwig Apfelbeck brachte es fertig, daß beim Vierzylindermotor die Ventile vom

Der Meister legt selbst Hand an: Alex von Falkenhausen bestimmte jahrelang die Rennmotoren-Entwicklung bei BMW.

einen Zylinder die Ventile vom anderen Zylinder überschnitten – eine sehr komplizierte Sache. Aber mit zwei obenliegenden Nockenwellen und je zwei Kipphebeln bekam er die Ventilsteuerung in den Griff.

Der erste Versuchsmotor mit 1,6 Litern besaß noch acht Solex-Vergaser. Die Verwendung einer Lucas-Saugrohreinspritzung sollte dann aber im Renneinsatz das nutzbare Drehzahlband verbreitern.

Enttäuschung beim ersten Einsatz

Und dann war dieser Motor, schon beim ersten Einsatz 1967 in Snetterton/England, eine riesige Enttäuschung. Wir hatten eine 1600er und eine Zweiliter-Ausführung gebaut: Die 1600er Ausführung kam nicht annähernd an die Konkurrenz der Cosworth-Motoren heran. Vor allem im Drehmoment war sie deutlich schlechter. Die Zweiliter-Ausführung war zwar besser, konnte aber aus Wettbewerbsgründen nur für Bergrennen mit dem „Monti-“ Bergrennwagen von Dieter Quester verwendet werden. Ich habe sie dann auch in den Formel 2-Rekordwagen einbauen lassen, mit dem BMW 1966 acht Beschleunigungsweltrekorde aufstellen konnte.

1968 belegte Dieter Quester mit dem Monti-Bergspider in der Europa-Bergmeisterschaft hinter den Porsche-Piloten Gerhard Mitter und Rolf Stommelen immerhin Platz drei.

Die Misere in der Formel 2 hatte folgenden Grund: Der 1600er-Motor mußte, um konkurrenzfähig zu sein, um die 11 000 Touren drehen. Dem war aber die komplizierte Ventilsteuerung nicht gewachsen. Beim Zweiliter, der etwa 9 500 Touren drehte, war dagegen die Ventilsteuerung noch in Ordnung. Aber das war nicht der alleinige Nachteil dieses Konstruktionsprinzips: Es hatte sich nämlich herausgestellt, daß die kreuzweise Ventilanordnung schlecht war. Und zwar waren, hauptsächlich beim 1600er, die Ventile schon zu groß. Resultat: zu wenig Gasgeschwindigkeit. Beim Zweiliter dagegen war sie in Ordnung. Der Hauptnachteil des Apfelbeck-Motors war allerdings, daß bei der Überschneidung – wenn Einlaß und Auslaß offen sind – durch die Ventile-über-Kreuz-Anordnung ein Gegenstrom entstand.

Bei der Überschneidung strömt Gas von den Einlaßventilen zu den Auslaßventilen und stößt das Altgas heraus. Durch die kreuzweise Anordnung gab es aber eine Verwirbelung und Vermischung der Ströme – ein völliges Durcheinander – so daß die Durchspülung sehr schlecht war. Als wir das erkannten, waren wir allerdings noch immer von der Idee der diametral angeordneten Ventile fasziniert.

Schließlich hatte die Anordnung eine Menge theoretischer Vorteile: Erst einmal konnte man natürlich größere Ventile unterbringen – was an sich erwünscht war –, und zweitens hat man sich gedacht, daß die Auslaßventile besser gekühlt werden, wenn sie zwischen zwei Einlaßventilen liegen. Das ist aber – wie sich später gezeigt hat – gar nicht nötig.

Im Ganzen hatten wir mit diesem Motor im ersten Jahr 1967 nur einen einzigen Erfolg, den 2. Platz von John Surtees im Eifelrennen und 1969 drei zweite Plätze von Hubert Hahne und Jo Siffert.

Glückloses Technik-Wunderwerk: Formel 2-Motor mit Apfelbeck-Kopf.

Synthese: Vierventiler mit diametral angeordneten Ventilen

Als nächstes haben wir einen normalen Zweinockenwellen-Vierventiler in ein BMW-Chassis eingebaut, das bei Dornier gefertigt worden war – wiederum mit kreuzweise angeordneten Ventilen. Drei kleine 10 mm-Zündkerzen sollten für eine rasche Ausbreitung der Flammfront sor-

Erst 1970 kamen die Erfolge: Formel 2-Werksrennwagen.

Mit dem Zweiliter-Apfelbeck-Motor in einem Formel 2-Chassis konnte Alex von Falkenhausen 1966 acht Beschleunigungsweltrekorde aufstellen.

gen. Dieser Motor war wesentlich besser, weil die mechanische Steuerung in Ordnung war, leistungsmäßig war er auch nicht schlecht. Außerdem baute der Motor nicht so hoch wie der ursprüngliche Apfelbeck-Motor. So konnte eine, für hohe Kurvengeschwindigkeiten wichtige, tiefere Schwerpunktlage verwirklicht werden.

Garanten der Rennerfolge: Hubert Hahne und Alex von Falkenhausen.

Konsequenz: Konventioneller Vierventiler

Aber parallel dazu haben wir einen normalen Vierventiler gebaut, um etwas daraus zu lernen. Beide Motoren sind in Rennen von Jo Siffert, Jacky Ickx und Dieter Quester gefahren worden. Da zeigte sich, daß der Motor mit den kreuzweise angeordneten Ventilen zwar obenherum ein bißchen mehr Leistung hatte, aber sehr viel weniger Drehmoment. In den Rundenzeiten war der normale Vierventiler immer der Bessere. Also haben wir alle Motoren nach dem konventionellen Prinzip gebaut. Aus diesem Motor ist der Formel 2-Motor geworden, den es erst mit 1600 ccm, später mit zwei Litern gab. Mit diesem Motor konnte Hubert Hahne beim Rheinpokalrennen 1970 in Hockenheim erstmals für BMW ein Formel 2-Rennen gewinnen – drei Jahren hatten wir auf diesen Erfolg warten müssen.

Nach Hahnes Sieg war der Knoten geplatzt, schlagartig setzten die Erfolge ein. Bei den letzten acht Rennen der Saison gewannen unsere Formel 2-Rennwagen sechsmal und wurden einmal Zweiter. BMW stand also endlich an der Spitze, bis der Vorstand das Formel 2-Engagement beendete. Offizielle Begründung: Die Ingenieure würden dringend für die Serienentwicklung gebraucht. Dieser Stopp dauerte bis 1973.

BMW-Werksfahrer Quester gelang es aber mit meiner Unterstützung, einige Exemplare der Formel 2-Motoren aus der aufgelösten Rennabteilung „loszueisen" und für 1971 einen Sponsor, den Wohnwagenhersteller Günter Hennerici, zu finden, der ihm eine Formel 2-Saison auf einem March-Chassis mit eben jenen BMW-Motoren finanzierte. Mit dem Vorjahres-Motor belegte Quester in der Endabrechnung immerhin den dritten Platz.

es in der Formel 2 gegeben hat. Ebenfalls 1973 hatte BMW-Tuner Herbert Schnitzer aus Freilassing, der schon lange mit Vierventilmotoren auf Basis des 2 Liter-Motors experimentierte, das Motul- und das Brabham-Team in der Europameisterschaft mit Triebwerken ausgerüstet. Später entwickelte Schnitzer auch 1,6 Liter-Zweiventil-Motoren, die 165 PS leisteten und in der Formel 3 recht erfolgreich waren. Äußerliches Unterscheidungsmerkmal der Schnitzer-Motoren: Auslaß- und Ansaugseite waren genau spiegelverkehrt zu den Werksmotoren. Das Werk hatte die Ansaugtrichter rechts postiert, Schnitzer dagegen links.

Der Zweiliter Formel 2-Motor – auf dem Bild Hans Stuck im March-BMW – war in der Formel 2-Europameisterschaft jahrelang unschlagbar.

Ab 1973: Der erfolgreichste Motor der Formel 2

Im Jahr 1972 wurde dann der 2 Liter-Motor fertigentwikkelt und in Sportwagenrennen mit dem Ziel erprobt, ihn für die Formel 2-Saison 1973 einsatzklar zu haben. Dort feierte der Vierventiler, jetzt um 400 ccm vergrößert, ein sensationelles Comeback: Rennmotorenentwickler Paul Rosche zauberte aus dem altbekannten Aggregat 280 PS hervor, die Jean Pierre Jarier gleich im ersten Jahr zur Europameisterschaft verhalfen.

Der Werksmotor der neugegründeten BMW Motorsport GmbH war allerdings nicht der einzige BMW-Motor, den

Den Erfolg von Jarier konnten Patrick Depailler (1974), Jacques Laffite (1975 mit BMW-Schnitzer-Motor), Bruno Giacomelli (1978), Marc Surer (1979) und Corrado Fabi (1982) wiederholen. Insgesamt verließen in den Jahren 1973 bis 1982 über 600 Exemplare des intern „M 12/7" genannten Motors die BMW Motorsport GmbH. Gerade dem deutschen Publikum sind die Erfolge unvergessen, die Hans Stuck oder Stefan Bellof mit BMW-Power in der Formel 2 errangen.

Der Weltmeister: BMW Formel 1-Motor von 1981.

Auch Formel 3-Aggregate lieferte der Freilassinger Tuner.

Zuletzt hatten diese Triebwerke als Höchstleistung 320 PS, und das bei zivilen Drehzahlen. Der Formel 2-Motor hat nicht über 9500 Touren gedreht und hätte auch noch bis zum Ende der Zweiliter-Formel 2 erfolgreich sein können. Aber in den letzten Jahren setzten sich immer stärker die V6-Motoren von Renault und vor allem von Honda durch. Dieser neuen Herausforderung zu begegnen – dazu fand sich bei BMW leider niemand mehr bereit. Ich habe immer zum Paul Rosche gesagt: „Tut doch was, die sind zu schlagen." Aber die Motorsport GmbH hatte Anfang der achtziger Jahre andere Pläne . . .

Auch in den verschiedenen Sportwagenklassen, also beispielsweise in der Markenweltmeisterschaft oder der Interserie, ist dieser Motor oft eingesetzt worden. So haben die Firmen TOJ, Elva, Chevron, Osella, Sauber oder Lola in den Siebziger Jahren stets auf die Kraft des bayerischen Vierzylinders gebaut – und dabei sehr oft gewonnen.

Endstufe: Formel 1 mit 1000 PS

Aus dem 2 Liter-Vierzylinder stammte auch der Formel 1-Motor, der aber wesentlich kurzhubiger ausgelegt wurde. Kopf und Block waren aber immer noch die des Formel 2-Motors von 1970. Im April 1980 hatte der Vorstand endlich grünes Licht für das Formel 1-Engagement gegeben. Die Versuche mit einem aufgeladenen Formel 2-Triebwerk, das für die amerikanische IMSA-Serie auf Anhieb 600 PS brachte, waren äußerst erfolgversprechend verlaufen. Also wurde der Formel 1-Motor gebaut.

Für die „Königsklasse" des Motorsports bekam er, entsprechend den Regeln, einen Hub von 52 mm und eine Bohrung von 89 mm, was 1500 ccm entspricht. Der Block, der auf 75 PS konstruiert wurde, hielt also letztlich 1000 PS aus. Für 200 PS hatte ich ihn in etwa konstruiert – das war die Zweiventilausführung –, aber daß er 1000 PS aus-

Stand dem Werksmotor in nichts nach: Formel 2-Triebwerk von Schnitzer.

hält, hätte auch ich nicht gedacht. Einzige Änderung: Statt der Grauguß-Kurbelwellen-Hauptlagerdeckel verwendeten wir Stahldeckel. Rosche ließ zur Erleichterung sogar noch diverse Rippen aus dem Block wegfräsen.

Die – oft verschobene – Premiere des Brabham-BMW war dann endlich beim Großen Preis von Südafrika 1982. Aber den – für einen neuen Motor – sensationellen zweiten Platz im Training verspielte Nelson Piquet im Rennen durch einen Ausrutscher in die Fangzäune. Beim Großen Preis von Kanada konnte Vorjahresweltmeister Piquet dann endlich den ersten Grand Prix auf dem Brabham-BMW gewinnen. Kein halbes Jahr war zwischen erstem Einsatz und erstem Sieg vergangen. 1983 war der Brabham-BMW schließlich das Auto, das es zu schlagen galt. Am Ende der Saison war Nelson Piquet überlegener Weltmeister.

Ganz glücklich sind die BMW-Leute mit ihrer Weltmeisterschaft trotzdem nicht geworden. Die Formel 1-Episode von BMW krankte hauptsächlich an der Zusammenarbeit mit Brabham und Ecclestone, die sich als Fehler herausstellte. Ecclestone interessierte sich nur dafür, Geld zu verdienen – ob das Auto nun gewann oder nicht. Und BMW hatte, vertraglich festgelegt, auf das gesamte Team-Management keinen Einfluß. Schließlich kam, nachdem der Wagen eine Zeitlang recht erfolgreich war, diese unglückliche neue Konstruktion mit dem schrägliegenden Motor. Spätestens da hätte sich BMW weigern sollen mitzumachen, das Auto ist nie richtig gegangen. Die guten Fahrer verließen daraufhin das Brabham-Team, und es kam zur unausweichlichen Pleite.

Keine Weiterentwicklung: Stagnation beim Formel 1-Motor

Im letzten Jahr, das aus Vertragsgründen abgewickelt werden mußte, war niemand in der Motorsport GmbH mehr motiviert, den Vierzylinder weiterzuentwickeln. Trotzdem war BMW in der Formel 1 noch nicht vollständig abgemeldet. Der Arrows-Formel 1 mit dem Megatron-Motor – das ist der alte BMW-Motor, von Privatleuten gewartet – war 1987 und 1988 wesentlich erfolgreicher als das Brabham-Werksteam. Die Arrows-Piloten fuhren im vorderen Feld mit und kamen viel öfter ins Ziel als die Brabham-Fahrer mit den Original-BMW-Motoren. Das Potential war also da und mit richtiger Zusammenarbeit – wenn BMW beispielsweise das Benetton-Team aufgekauft hätte – wäre auch etwas zu machen gewesen. Mit Brabham und Ecclestone war es dagegen hoffnungslos.

Gegen Ende der achtziger Jahre wird es für eine Firma wie BMW immer schwieriger, Rennsport zu betreiben. Die Tourenwagenrennen sind mehr so interessant wie früher: die deutsche Meisterschaft ist technisch ein Absurdum, weil jeder Wagen, der durch technische Vorteile schneller als der Konkurrent ist, ein Handicap bekommt. Das gibt zwar spannende, enge Rennen – zuweilen sogar so eng, daß es wie 1988 in Salzburg, als nach Massenkollisionen viermal neu gestartet werden mußte, überhaupt kein Rennen mehr gibt – aber für die Fahrer ist es unbefriedigend und für die Techniker sinnlos. Sie werden dafür bestraft, daß sie etwas neues, besseres erfunden haben.

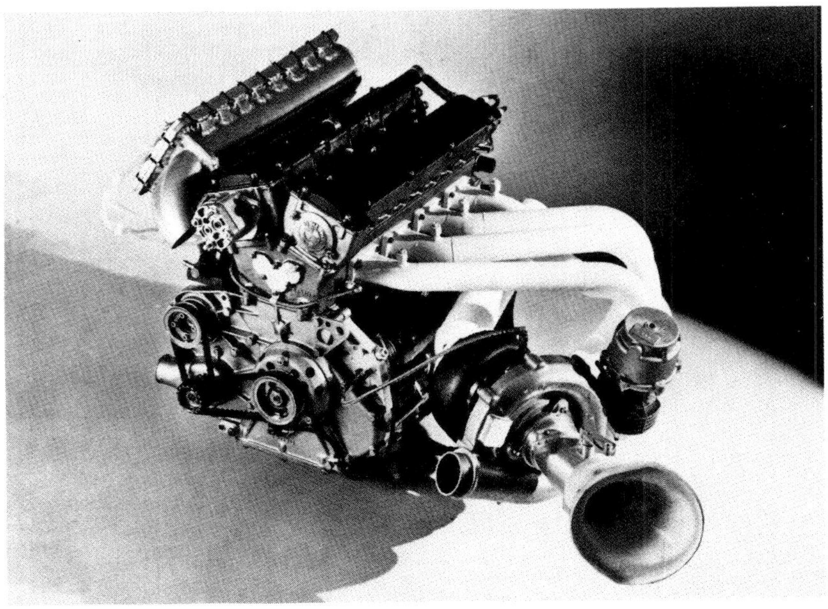

Mit riesigem Lufttrichter und Turbolader: Formel 1-Motor.

Um aber in die Formel 1 neu einzusteigen müßte man mit großem Geschütz auffahren. Die Meinung des BMW-Vorstandes – aufgrund der schlechten Erfahrungen mit Ecclestone – ist: Wenn wir uns an der Formel 1 beteiligen, bauen wir nicht nur einen Motor, sondern ein komplettes Auto. Das aber trauen sich zur Zeit nicht einmal die Japaner zu. Sowohl Honda als auch Yamaha sind nur Zulieferer. Auch Mercedes wird, wenn die Schwaben tatsächlich um die Formel 1-Weltmeisterschaft fahren wollen, ein eigenes Chassis bauen müssen. Das aber kostet Millionen – ohne Erfolgsgarantie. Mißerfolge sind jedoch für Firmen wie Mercedes oder BMW eine negative Werbung; weder BMW, noch Mercedes oder Porsche können sich auf Dauer leisten, nur Zweiter zu sein. Die deutschen Firmen stehen also unter Erfolgszwang. Und das ist heute nicht mehr so leicht wie im Zeitalter der Silberpfeile, als man kam, sah und siegte . . .

Falscher Weg: Liegender Formel 1-Motor im letzten Brabham-BMW.

Der Konkurrenz überlegen: BMW Formel 1-Motor im Brabham-Chassis.

Touring a la Bertone: Der 2002 „Garmisch"

Mitten in die Spekulationen um eine mögliche Schrägheck-Variante des 2002 erschien auf dem Genfer Automobilsalon 1970 Bertones Styling-Studie „Garmisch". Daß Bertone mit BMW zusammenarbeitete, war bekannt. Würde der „Garmisch" der Vorbote des 02-Nachfolgers sein?

Tatsächlich basierte die Studie auf dem Fahrgestell des 2002 ti. Radstand und Spurweite stimmten mit der Vorlage überein: Bertone hatte lediglich eine neue Karosserie entworfen.

Die Studie aus Italien, offiziell als Coupé für 4 Personen bezeichnet und damit genau auf der BMW-Marketinglinie der „Limousine mit Coupé-Charakter" liegend, wies einige interessante Details auf: Den Vorstellungen der BMW-Manager entsprechend, dominierte die BMW-Niere im Kühlergrill. Die Gestaltung der Niere selbst rief aber Kritiker auf den Plan. Beide Hälften waren als trapezförmige Sechsecke ausgeführt und berührten sich lediglich in der Mitte. Mit der herkömmlichen, abgerundeten Niere hatte Bertones stark stilisierte Version wenig zu tun.

Andere BMW-Stylingmerkmale hatte der Designer beibehalten wollen. Seit dem 3200 CS, der zeitgleich mit dem BMW 1500 debütierte und auch von Bertone gezeichnet worden war, weisen alle BMWs – bis zum 8-er Coupé von 1989 – an den hinteren Seitenfenstern einen Aufwärtsknick zur C-Säule auf. Auch der Garmisch sollte auf diese Weise seine Familienzugehörigkeit zeigen.

Der Familienlinie weniger entsprachen da schon die vier rechteckigen Scheinwerfer. Schließlich waren die BMW-Designer im Rahmen der Entwicklung des 520 gerade dabei, den Doppelscheinwerfer-Grill zum unverwechselbaren BMW-Gesicht zu machen.

Die den Wagen umlaufende Sicke war Bertone-typisch und fand sich später beispielsweise beim Fiat X 1/9 wieder. Nicht nur Styling-Gag – und ebenfalls Bertone-typisch – war die wabenförmige Verkleidung des Rückfensters: Die hinten Sitzenden sollten vor Sonnenstrahlen geschützt werden, ohne daß dabei die Sicht des Fahrers beeinträchtigt würde. Bei der starken Neigung der Heckscheibe und einer entsprechenden Aufheiz-Wirkung sicher ein nützliches Detail.

Auf besonderes Interesse stieß in Genf die Gestaltung des Innenraums. Deutlich erkennbar war der Versuch, praktische und gestalterische Elemente zu kombinieren. So ließen die um den Fahrer gruppierten Instrumente schon etwas von der späteren Linie der BMW-Cockpits ahnen. Gute Original-Lösungen, wie etwa die großflächigen Ablagemöglichkeiten vor dem Beifahrersitz, hatte Bertone beibehalten und noch perfektioniert: Ein herausziehbares Schubfach mit den Abmessungen 20x45x20 cm diente gleichzeitig als geräumige Lade, Schreibfläche oder – dank eingebautem Spiegel – als Schminktisch.

Der Innenraum läßt die Abstammung vom 2002 TI deutlich erkennen.

Mit einer Länge von 4350 mm war der Garmisch zwölf Zentimeter länger als der Original-2002, was vor allem dem großen Kofferraum zugute kam. In der Breite war die Studie nur um vier Zentimeter gewachsen. Dem angestrebten Coupé-Look zuliebe opferte Bertone dagegen immerhin neun Zentimeter in der Höhe. Die Kopffreiheit für die Fondpassagiere fiel dementsprechend knapp aus.

Bertones Hoffnung auf eine Serienfertigung des Garmisch erfüllte sich indes nicht. Auf BMWs Intervention verschwand der Garmisch sogar wenige Tage nach Ausstellungsbeginn vom Stand. Es war das erste und letzte Mal, daß der Garmisch öffentlich gezeigt wurde. Wer sich die Karosserielinie des 1972 präsentierten 520 genau ansieht und dabei besonderes Augenmerk auf das Karosserieprofil – insbesondere die nach hinten abfallende Kofferraumlinie – legt, der weiß vielleicht, warum . . .

Ähnlichkeiten mit dem Garmisch nicht rein zufällig . . .

Projekt ohne Zukunft: Bertones BMW Garmisch blieb ein Prototyp – gab jedoch wichtige Anstöße für das BMW-Design der folgenden Jahre.

Die Eröffner

Als 1967 auf der Internationalen Automobil-Ausstellung in Frankfurt ein offener 1600 den BMW-Stand zierte, war die Tatsache, daß die Stuttgarter Karosseriefirma Baur und nicht die BMW AG selbst das Cabriolet entwikkelt hatte, keine Überraschung. Die Zusammenarbeit zwischen Baur und BMW hatte damals schon eine 30jährige Tradition.

1910 hatte der Karosseriebauer Karl Baur in Stuttgart seinen eigenen, kleinen Betrieb eröffnet. Wie viele andere

Erster BMW von Baur: Vorkriegs-320 mit eigener Verdeckkonstruktion.

Viertüriges Cabriolet für den späteren Großaktionär: Quandt BMW 502.

Karosseries jener Zeit fertigte Baur Karosserien in Kleinserie für die damals unverkleidet erhältlichen Chassis verschiedener Automobilhersteller. Der findige Schwabe erkannte schon früh seine Chance in der Spezialisierung: 1913 entwickelte er einen patentierten Verdeckmechanismus, der bis heute als Grundmuster des Cabrio-Verdeck-Baus dient. Cabriolets und Landaulets waren fortan das Hauptbetätigungsfeld des Unternehmens.

Schon im Zeitalter der Chassis ohne selbsttragenden Aufbau erkannte man bei Baur, daß es zur Fertigung eines Cabriolets nicht ausreicht, einfach einer Limousine das Dach abzuschneiden. Ein patentiertes „Wagenkastengerippe" verlieh dem Aufbau die nötige Festigkeit und sicherte Baur die Anerkennung der Fahrzeughersteller: 1927 bestellten die sächsischen Wanderer-Werke 200 Cabriolets der neuartigen Bauweise. 10 Jahre später knüpfte Baur die ersten Kontakte zu BMW. Mit der Fertigung eines Cabrios auf Basis des BMW 320 begann eine Zusammenarbeit, die – mit Unterbrechungen – bis heute andauert.

Die Vorkriegskontakte mit BMW stellten sich 1949 als wichtig für die Stuttgarter Firma, die inzwischen von den Brüdern Heinz und Karl Baur geführt wurde, heraus. Weil

Heute gesucht, früher schwer verkäuflich: Barockengel Cabriolet.

BMW in München niemals Autos produziert hatte, standen dort auch keine Anlagen zur Fertigung der Vorserienkarosserien des 501 zur Verfügung. Die Schwaben spekulierten, daß sie möglicherweise die Karosserieproduktion für die Münchener in Lohnauftrag durchführen könnten. Das Angebot, die Nullserie von 25 Stück zu bauen, nahmen die Brüder deshalb gerne an. Als aber der 501 zum Flop wurde und BMW nach der Startserie von 2000 Stück selbst in der Lage war, alle Karosserien zu produzieren, zerstoben die Träume von der für Jahre sicher geglaubten Kapazitätsauslastung . . .

Die 2- und 4-türigen Cabriolets und Coupés, die weiter bei Baur auf Basis der Barockengel entstanden, ließen sich nur schwer an den Mann bringen. Von einer Produktionsauslastung durch die – heute gesuchten – Automobilraritäten konnte keine Rede sein. Von 1957 an war es deshalb vor allem die Auto Union, die mit dem Auftrag

Baur-Entwicklungen: Coupé und „Kurz"-Cabriolet von 1967.

Coupé und Cabrio: Das „Studentenauto" wurde nicht realisiert.

zum Bau von Roadstern und Coupés des Typs AU 1000 Sp den Löwenanteil der Baur-Produktion stellte.

Mit dem BMW 700, der für die Münchener die Wende zum Besseren einläutete, lebte auch die Zusammenarbeit mit Baur wieder auf. Die Stuttgarter lieferten den Rohbau des beliebten 700 Coupés und entwickelten auch ein 700 Cabriolet, das von 1961 bis 1964 produziert wurde. Als potentiellen Kundenkreis hatten die Bayerischen Motoren Werke ursprünglich Studenten gesehen, die von ihren Eltern mit dem nötigen Kleingeld ausgestattet waren. Doch diese Zielgruppe war entweder zu klein, oder das Cabriolet auch für Berufs-Söhne zu teuer – ein Verkaufserfolg wurde es jedenfalls nicht.

Ende 1966 griffen die Bayerischen Motoren Werke die Idee des „Studentenautos" wieder auf. Hausstylist Wilhelm Hofmeister hatte auf Basis des 1600-2 ein Cabriolet entworfen, das gegenüber der Limousine hinten einen wesentlich kürzeren und rundlichen Überhang aufwies. Mit der Entwicklung einer fertigen Karosserie auf Basis dieses Entwurfes beauftragten die Münchener ein weiteres Mal die Firma Baur.

Die geringen Stückzahlen, die der Cabrio-Markt Mitte der sechziger Jahre hergab, veranlaßten die Brüder Baur allerdings darüber nachzudenken, wie der Lohnauftrag zum Bau dieses einen Prototyps in eine lukrative Kleinserienproduktion umzusetzen sei. Also beschlossen sie, parallel zum Cabrio noch ein Coupé auf 1600-2-Basis zu bauen. Coupés versprachen zu jener Zeit wesentlich höhere Stückzahlen. Außer dem festen Dach wies das Coupé sonst aber alle Merkmale des „Studentenautos" auf, bedeutete also für die Karosseriefirma nur einen bescheidenen Entwicklungs-Mehraufwand.

Konstrukteur am Steuer: Hermann Wenzelburger im 1600 Vollcabriolet.

Die fertigen Prototypen der „Studentenwagen" wurden im Frühsommer 1967 auf Lastwagen gehievt und nach München transportiert. Heinz und Karl Baur sowie Konstrukteur Herrmann Wenzelburger sollten BMW-Verkaufschef Paul G. Hahnemann auf Vorschlag von Oswald Kolk ihre Kreationen präsentieren. Hahnemann hatte seinen Mitarbeiterstab versammelt, ging mehrere Male um die beiden Autos herum und sagte dann: „Baur, das Coupé kannst Du behalten, das Cabrio will ich. Das muß in Frankfurt stehen." Damit war die Entscheidung gegen das Coupé gefallen. Was heute nach umfangreichen Marktfor-

Handarbeit: Karosseriefertigung bei Baur.

S-AK 3060

Für das „Studentenauto"-Cabriolet hätten Seitenteile und Heckabschluß neu gefertigt werden müssen – ohne optisch zu überzeugen.

◀ Design-Spielerei: 1971 zierte dieses Cabriolet mit Doppelscheinwerfern, Kotflügelverbreiterungen und Leichtmetallfelgen die Ausstellungsstände der Karosseriefirma Baur.

Machte auch geschlossen eine gute Figur: 1600 Vollcabriolet.

schungsuntersuchungen und ausgiebigen Stabs-Diskussionen entschieden wird, dauerte bei Hahnemann meistens nur ein paar Minuten . . .

Dabei lagen seiner Entscheidung gegen das Coupé natürlich handfeste Marketing-Überlegungen zugrunde: Die Gefahr wäre zu groß gewesen, mit einem Coupé den sportlichen Charakter der Limousine – und damit ihr ureigenstes Kapital – zu entwerten. Ein Cabriolet dagegen würde dem dynamischen Image der weiß-blauen Marke weiteren Vorschub leisten.

Die Kalkulation des „Studentenautos" ließ die Baur-Kaufleute allerdings die Haare raufen. Bei gleichem Radstand wie die Serienausführung des 1600-2 hätten Chassis, Heckteil und beide Seitenteile geändert werden müssen. Das hieß im Klartext: die Beschaffung neuer Werkzeuge und somit immense Investitionen. Schließlich waren die Kostenanalytiker bei einem Verkaufspreis von 15.000 Mark angelangt – viel zu teuer, wie man in München beschied. Dort war man bei den ursprünglichen Überlegungen von einem Preis unter 10.000 Mark ausgegangen.

Als BMW bereits das Interesse zu verlieren schien, schlugen die Schwaben vor, sich vom „Studentenauto"-Entwurf zu lösen und den einfachsten Weg zu gehen: ein Cabrio auf Basis der 1600-2 Limousine zu bauen. Dabei würde sich die komplette Bodengruppe und auch das Heckblech verwenden lassen. Selbst die Original-Seitenwände müsse man in Stuttgart lediglich umarbeiten. Das überzeugte: Die BMW AG beauftragte die Stuttgarter Firma, es mit dieser Lösung zu versuchen.

Die Arbeit der schwäbischen Karosseries bestand aber nun keinesfalls darin, angelieferte Limousinen ihres Daches zu entledigen. Nachträgliche Umbauten von Limousinen zu Vollcabriolets lehnen die Stuttgarter Perfektionisten auch heute noch strikt ab. BMW lieferte vielmehr sogenannte, in Kisten verpackte CKD (= Completely Knocked Down)-Bausätze, also Limousinen in Teilen. Aus insgesamt 3500 Einzelposten, die in München ein- und in Stuttgart ausgepackt wurden, bestand ein solcher CKD-Satz. Hält man sich vor Augen, daß die Cabriolets aus diesen 3500 Einzelteilen quasi in Handarbeit zusammengebaut wurden, erscheint der Mehrpreis von 3000 Mark geradezu gering.

Aber etliche Modifikationen mußten noch zusätzlich durchgeführt werden: In der Stuttgarter Montagehalle bekamen die Chassis Verstärkungsbleche eingeschweißt und wurden mit Baur-Eigenkonstruktionen – wie dem vorderem Windlauf und dem Verdeckkasten – versehen. Die stärker geneigte Windschutzscheibe und das flache Dach machte auch die Verwendung niedrigerer Sitze notwendig, sollten sich hochgewachsene Cabrio-Eigner nicht ständig ihren Kopf am Verdeck stoßen.

Die ins Verdeck integrierten hinteren Seitenscheiben machten eine innenliegende Befestigung des Stoffdaches unumgänglich. Die Seitenfenster konnten schließlich nur nach innen weggeklappt werden. Die Dachentwässerung mußte also ebenfalls nach innen geleitet werden. Die

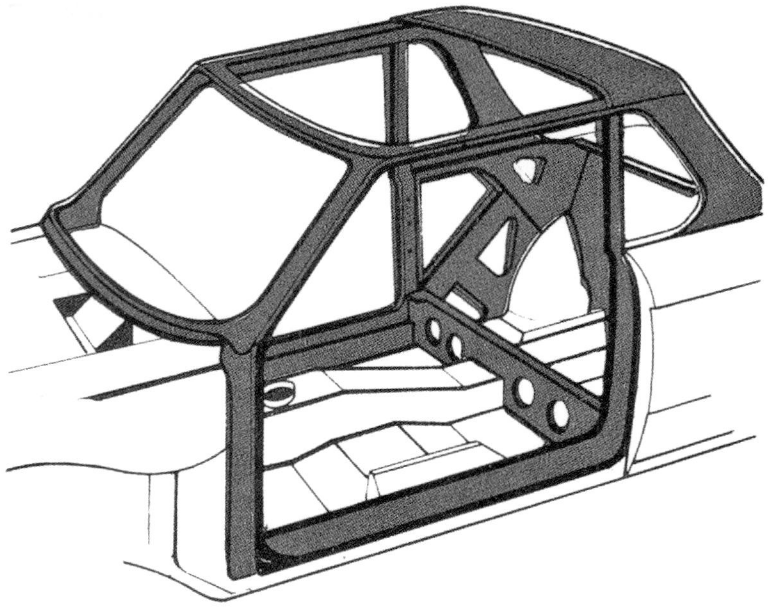

Fast wie ein Überrollkäfig: Dachkonstruktion des 2002 Cabriolets.

Baur-Techniker lösten dieses Problem, indem sie die Drainage durch die Holme leiteten, die selbst Abflußlöcher besaßen. Im Prinzip funktionierte das auch, nur setzten sich die Löcher öfters zu – und dann konnte so ein Holm schon mal unter Wasser stehen.

Die weitgehende Handarbeit – streng von der BMW-Qualitätskommission kontrolliert – ermöglichte, Sonder-

Geschlossen fast wie ein Vollcabrio: Letzte Version des 2002 Cabrios.

wünsche zu erfüllen, die auf keiner Ausstattungsliste standen. So konnten Cabrio-Fans ihren 1600-2 in kompletter Lederausstattung oder mit einer Sonderlackierung ordern. Obwohl bei Baur gebaut, war das Cabriolet aber trotzdem stets Bestandteil des offiziellen BMW-Programms.

Die enge Verwandschaft zur Serie – und somit ein vertretbarer Mehrpreis – war also gesichert. Doch die Kunden, die, verwöhnt von der überragenden Steifigkeit der

Die Verkaufszahlen waren – gegenüber dem 3er Cabrio – sehr gering.

Auch in geschlossenem Zustand gefiel das 1600 Vollcabriolet.

Kunden mit Farb-Sonderwünschen konnte Baur stets zufriedenstellen.

Formation für den Fotografen: Alle Dianas auf einen Blick.

Dynamik pur: Koepchen-getunter 2002.

Baur-Studie von 1971: Mit Kotflügelverbreiterungen und Leichtmetall-Felgen machte das Cabriolet gleich einen dynamischeren Eindruck.

Limousine, auf das Cabriolet umstiegen, monierten mangelnde Verwindungsfestigkeit. Tatsächlich arbeitete die Karosserie spürbar unter Ausnutzung der Leistungsreserven des 85 PS-Motors, obwohl der Einbau eines verstärkenden Sitzkastens – die einzige konstruktive Änderung in der laufenden Serie – dies verhindern sollte. Und auch die Geräuschbeeinträchtigung bei geschlossenem Verdeck und Geschwindigkeiten über 130 km/h entsprach keineswegs dem gewohnten Limousinenkomfort. An den erwünschten Einbau des Zweiliter-Aggregats war unter diesen Umständen nicht nicht zu denken. Die Karosseries erkannten, daß den meisten Kunden die Bereitschaft fehlte, die besonderen Eigenheiten des Offenfahrens zu akzeptieren.

Das Cabriolet mußte also, um einen Markt weniger kompromißbereiter Frischluftfanatiker zu erschließen, verwindungsfester werden. Fortan arbeitete man in Stuttgart an konstruktiven Maßnahmen, dies zu erreichen.

Ein Porsche-Lohnauftrag brachte schließlich 1970 die zündende Idee. Baur sollte eine Kleinserie des Mittelmotor-VW-Porsche 914 für Rennsportzwecke fertigen. Fahrversuche hatten aber gezeigt, daß der Zweisitzer trotz Targa-Bügel keine überragende Karosseriefestigkeit besaß. Konstrukteur Wenzelburger ließ nun einen Dachrahmen bauen, der zur Verstärkung in die 914-Karosserie eingebaut wurde. Konstruktiv ähnelte dieser Verstärkungsrahmen, der eine Verbindung zwischen A- und B-Säule herstellte, einem Überrollkäfig. Mit diesem zusätzlichen Rahmen war der vorher verwindungsfreudige Volksporsche plötzlich steif.

Dies mußte auch die Lösung für die 02-Karosserie sein. In kürzester Zeit entstanden Dachrahmen und Überrollbügel für das Vollcabriolet. Um den optischen Eindruck des breiten Bügels etwas aufzulockern, pflanzten ihm die Stuttgarter sogar noch ein Ausstellfenster ein. Und tatsächlich: Der Hilfsrahmen verlieh der ansonsten unverändert aus einem CKD-Bausatz aufgebauten Karosserie nun endlich die Steifigkeit, die zum Einbau des Zweiliter-Motors nötig war. Und dank des festen Oberteils war nun auch das Geräuschproblem weitestgehend gelöst.

Ab Frühjahr 1971 wurde das 2002 Cabriolet mit Überrollbügel im BMW-Programm angeboten. Um Überbestände aus der Vollcabrio-Produktion abzubauen – trotzdem aber nur 2-Liter-CKD-Sätze aus München zu ordern – legte Baur 1971 noch eine Serie von 200 Vollcabriolets mit der 2-Liter-Maschine auf.

Die Reaktionen auf das Cabriolet mit Überrollbügel – die heute oft verwendete Bezeichnung „Targa" hatte sich Porsche bereits 1966 schützen lassen – waren gespalten. Den höheren Nutzwert mochte die Öffentlichkeit dem Neuling wohl zugestehen, doch die formale Attraktivität des „überdimensionalen Henkelkorbs" (Der Spiegel) wußte kaum zu überzeugen. Eine Änderung ließ der neue Verkaufsdirektor Bob A. Lutz gleich nach seinem BMW-Einstand Anfang 1972 vornehmen: Ihn störte der lakkierte Überrollbügel, den er fortan schwarz einfärben ließ. Zumindest im geschlossenen Zustand sollte so der optische Eindruck eines Vollcabriolets entstehen.

Aber der Reiz des wahren Offenfahrens fehlte dem 2002 Cabriolet. Deshalb ließen die BMW-Werber auch nichts unversucht, seine spezifischen Vorteile auszuloben: Zur enormen Verwindungssteifigkeit kam eine Variabilität, die bei Cabriolets bis dato unbekannt war – wenn man vom Porsche 911 Targa einmal absieht. Und gerade in heißen Ländern schätzten Cabrio-Kunden die Möglichkeit, das Cabriolet in ein Landaulet zu verwandeln – also nur das hintere Stoffverdeck herunterzuklappen und damit für einen enormen Luftdurchsatz zu sorgen, ohne einen Hitzeschock zu riskieren. Und schließlich: Vor dem Hintergrund der zunehmenden Sicherheitsdiskussion wurde dem Aspekt der größeren Unfallsicherheit besondere Bedeutung zugemessen.

Baur und BMW waren mit der Konzeption – und auch mit dem Verkaufserfolg – des 2002 Cabriolets so zufrieden, daß auch die Nachfolger des kompakten BMWs nach bewährtem Muster von den Stuttgarten zu „Topcabriolets" umgerüstet wurden. Während vom 2002 Cabriolet von 1971 bis 1977 2317 Exemplare die Hallen in der Stuttgarter Poststraße verließen, waren es bis Mitte der achtziger Jahre über 15 000 Fahrzeuge, die nach dem Baur-Prinzip gebaut wurden. Mit fünf bis sechs Fahrzeugen pro Tag liegt das Karosseriewerk heute an der Kapazitätsgrenze, auch wenn das Topcabriolet seit dem Produktionsbeginn des 3er-Vollcabrios nicht mehr offizieller Bestandteil des BMW-Programms ist. Gegenüber dem Vollcabrio weiß man sich aber – ebenso wie 1971 – selbstbewußt mit den konzeptionstypischen Vorteilen abzusetzen.

Auch hier wurden mit der 02-Reihe Schrittmacherdienste geleistet, die in ihren Auswirkungen auch noch mehr als 20 Jahre nach Produktionsbeginn aktuell sind.

Unvorteilhafte Perspektive: Der Bügel wurde später schwarz gefärbt.

Sondermodell zum Abschied: BMW 2002 L der »schwarzen Serie«.

Ob als liebevoll gepflegter Klassiker im Original-Zustand ...

... oder aufwendig-getuntes Rennfahrzeug in der Gruppe H: Die 02-Serie bleibt den Fans noch lange erhalten.

Diana

Glückliches Paar: Hubert Hahne und Diana Körner 1970.

Diana: So oft der Name der römischen Jagdgöttin durch die 02-Szene geistert, so wenig wissen selbst Insider damit anzufangen. Daß es einmal eine Serie „Diana" vom 02 gegeben haben soll, weiß der ein oder andere. Bei der Frage, wo und in welchem Umfang diese Serie produziert worden ist – wer dahinter steckte – müssen allerdings die meisten passen.

Der ehemalige BMW-Werksrennfahrer Hubert Hahne brachte bei den Recherchen für dieses Buch endlich Licht ins Dunkel des Diana-Geheimnisses. Der Düsseldorfer arbeitet heute als Motor-Journalist für Funk, Fernsehen und diverse Zeitschriften. Außerdem engagiert er sich in der Vermittlung von Sponsoren – Hubert Hahne ist also immer noch eine feste Größe im Motorsport-Business.

Die Diana Geschichte begann 1970. Kurz nach seinem letzten Einsatz als aktiver Rennfahrer heiratete Deutschlands erfolgreichster Tourenwagenpilot die Schauspielerin Diana Körner. Das Brautpaar beschloß – ganz Jetset-like –, sich im fernen Bangkog das Jawort zu geben. Als Brautgeschenk hatte sich der damalige BMW-Händler natürlich etwas ganz Besonderes einfallen lassen: Er verehrte der Dame seines Herzens einen dunkelblauen BMW 2002. Natürlich keinen normalen 2002: Das Präsent verfügte über einige Finessen, beispielsweise ein teures Radio und eine Klimaanlage.

Der 2002 ließ sich aber trotz seiner kompakten Ausmaße nicht im Handgepäck nach Bangkog transportieren. Also überreichte Hahne seiner überraschten Braut bei der

Hochzeitsfeier symbolisch die bereits gestempelten Nummernschilder des luxuriösen Gefährts. Amtliches Kennzeichen: B – MW 211.

Wieder daheim in Düsseldorf weckte der nun zusätzlich noch mit weißem Leder ausgeschlagene 2002 Interesse. Schließlich gab es ein solches Auto, klein und in seiner Ausstattung trotzdem exklusiv, in dieser Form von BMW nicht zu kaufen. Die positive Resonanz ließ den Geschäftsmann in Hahne nicht ruhen: Es müßte doch möglich sein, in der Klientel seiner BMW-Vertretung an Düsseldorfs nobler Graf-Adolf-Straße eine Kleinserie von veredelten 2002 an den Mann (oder die Frau) zu bringen.

Binnen kurzer Zeit reifte der Entschluß zur Tat: Von der Stuttgarter Karosseriefirma Baur ließ Hahne sich ein Musterfahrzeug fertigstellen. Arbeitstitel: „BMW 2002 TI in Luxusausführung". Nach Fertigstellung dieses Musterfahrzeuges erteilte er den Auftrag zur Fertigung von 12 „BMW 2002 TI in Luxusausführung", an denen die Schwaben folgende Änderungen gegenüber dem Serienmodell vornehmen sollten:
- Sonderlackierung mit einem Herbol-Speziallack
- elektrisches Schiebedach
- Ausführung der gesamten Polsterung (Recaro-Sitze) einschließlich Seitenverkleidung in Rosanil-Leder
- Einbau eines Karosserie-Himmels aus schwarzem Kunstleder

Hubert Hahnes Diana: Elektrische Fensterheber und weißes Leder.

- Ausschlagen des Karosseriebodens und Kofferraums mit Velour
- Verkleidung des Kofferraumdeckels mit schwarzem Kunstleder
- Faltenbelag für Brems- und Schaltknüppel in Leder
- Lederschutz am Veloursteppich neben dem Gaspedal
- verchromter Handbremshebel
- Aluminiumverkleidung für Einsteigschweller
- Stoßstangenhörner an den vorderen und hinteren Stoßstangen
- Becker-Radio-Stereoanlage
- Verbundglas-Windschutzscheibe
- Heizbare Heckscheibe
- Ampèremeter und Zeituhr

Jürgen Grähser baute den Sechszylindermotor in die Hahne-Diana ein.

- Handgefertigtes, eloxiertes Frontgitter
- Halogen-Doppelscheinwerfer Modell 2800
- Stoßdämpferbefestigung vorn links und rechts mit verchromten Hutmuttern
- Auspuffblende
- Sebring-Außenspiegel

Der Haupt-Gag: Alle zwölf Fahrzeuge sollten eine andere Farbe bekommen, allerdings keine BMW-Serienfarben. Hahne reiste eigens mit seinem Privatflugzeug nach Würzburg zur Firma Herbol, um dort gemeinsam mit den Baur-Leuten die Farben auszusuchen. Und auch verschiedene Teppich- und Polsterfarben sollten jedes der 12 Autos unverwechselbar machen.

5594 Mark pro Fahrzeug stellte die Karosseriefirma für die Umbauten in Rechnung. Anvisierter Liefertermin war September 1970.

Ein Problem hatte Hahne bis dahin noch zu lösen: Für die 5"-Zoll-Leichtmetallfelgen der italienischen Firma „stilauto", mit denen er die Luxus-2002 ausstatten wollte, lag keine Freigabe von BMW vor. Also beantragte er in München für jedes einzelne Fahrzeug eine Unbedenklichkeitsbescheinigung. Im November 1970 kamen die Freigaben – einzeln nach Fahrgestellnummern aufgelistet – endlich in Düsseldorf an. Ein anderes Problem hatte sich zwischenzeitlich gelöst: die Namensfrage. Fortan firmierten die „2002 TI in Luxusausführung" unter dem Namen „BMW Diana". Das der Hahne-Ehefrau zugedachte Hochzeitsgeschenk hatte schließlich den Anstoß zur Sonderserie gegeben.

Diana-Präsentation – mit allen zwölf Fahrzeugen – war im Frühjahr 1971. Im Düsseldorfer Nobelhotel „Interconti" gab das Rennfahrer-Idol Hahne seinen offiziellen Abschieds-Empfang – ein würdiger Rahmen für die Präsentation der exklusiven Serie. Exklusiv war allerdings auch der Preis: 22.500 Mark (zum Vergleich: ein serienmäßiger BMW 2002 TI kostete zur selben Zeit 12.321 Mark) verlangte das Autohaus Hubert Hahne von den Käufern. Trotzdem waren die ersten fünf Dianas zu diesem Zeitpunkt bereits in der Düsseldorfer haute-voilet verkauft. Das gelbe Exemplar erstand Walter Sauermann, BMW-Importer auf den Kanarischen Inseln.

BMW DIANA

BMW DIANA

Mit den verbleibenden sieben Dianas taten sich Hubert Hahne und sein Prokurist Harry Scheller allerdings ungleich schwerer. Erst Ende 1971 waren alle Autos verkauft – das kaffebraune Exemplar behielt Hahne in seinem Privatfuhrpark. Die Diana als Mißerfolg zu bezeichnen, wäre dennoch falsch: Laut Aussage von Harry Scheller war der kaufmännische Erfolg zwar gering, Hubert Hahne sah jedoch die Diana-Serie in erster Linie als zweifellos gelungene PR-Aktion für seine BMW-Vertretung.

Vielleicht war auch die '71er Modellpflege ein Hindernisgrund für die Absatzschwierigkeiten: Mit der Einführung des 2002 tii hinkte die Diana plötzlich um 10 PS dem stärksten Serienmodell hinterher. Zwar bot Hahne für die verbleibenden sieben Dianas alternativ auch den Einspritzmotor oder den May-Einvergaser-Turbomotor an, doch schon die Umrüstung auf die Benzineinspritzung veranschlagte er mit 3500 Mark. Mit Turbolader hätte die Diana sogar die 30.000 Mark-Grenze übersprungen.

Zur Super-Diana ließ Hubert Hahne sein eigenes, kaffebraunes Exemplar umbauen. Der saarländische Tuning-Spezialist Jürgen Grähser baute den 2,5 Liter-Sechszylindermotor des BMW 2500 in die Hahne-Diana ein. 150 PS brachten das edle Gefährt auf über 200 km/h. Zur Abrundung installierte Grähser auch noch Fünfganggetriebe, Sperrdifferential und elektrische Fensterheber. Der Herstellereintrag im Fahrzeugbrief lautete nun allerdings auf „BMW-Grähser".

Die Super-Diana blieb lange in Hahnes Besitz. Seinem jüngeren Bruder Armin – ebenfalls aktiver Rennfahrer – diente sie als Trainingsgefährt für erste schnelle Runden auf dem Nürburgring. Auch 1989 befand sich das Fahrzeug noch im Rheinland.

Unklar ist, was aus den übrigen Dianas wurde. Spätere Käufer wußten wahrscheinlich gar nicht, welche Rarität sie erstanden hatten. Und möglicherweise existieren auch heute noch Dianas, deren Besitzer der Meinung sind, einfach einen umgebauten 2002 TI zu fahren. Vielleicht stolpern Sie ja irgendwann mal über einen 2002 TI, den Sie nicht genau einordnen können. Falls er eine der Fahrgestellnummern zwischen 1 690 201 und 1 690 212 besitzt, handelt es sich um einen Vertreter der exlusivsten 02-Serie, die jemals produziert worden ist.

◀ Verbleib unbekannt: Die meisten der zwölf im Auftrag von Hubert Hahne produzierten BMW Dianas sind heute verschollen.

Sündhaft teuer: Der BMW Diana, den Hubert Hahne bei der Karosseriefirma Baur fertigen ließ, kostete über 20 000 Mark.

So alt wie die „Neue Klasse" war bei BMW-Fahrern der Wunsch nach noch mehr Leistung für die sportliche Mittelklasselimousine. Schon früh boten deshalb Tuning-Firmen Umbausätze oder ganze Fahrzeuge an, die eine deutliche Leistungssteigerung gegenüber der Serie versprachen. Als Synonyme für Tuning an BMW-Fahrzeugen galten dabei die Namen „Alpina", „Schnitzer", „Koepchen" und „GS-Tuning."

Die Geschichte getunter 02-Typen beginnt dabei, ebenso wie die Geschichte der gesamten Baureihe, mit der Einführung der „Neuen Klasse", die BMW 1962 den Weg in die Zukunft öffnete.

Auch diese freundlichen Beamten hatten gegen Alpina-getunte BMWs nichts einzuwenden.

Anfänge: Leistungskur für verärgerte 1500-Fahrer

Zahlreiche BMW 1500-Kunden waren im September 1963 sauer. Die Freude über ihre höchstens ein Jahr alte Limousine hatte einen erheblichen Dämpfer bekommen, als die Bayerischen Motoren Werke auf der IAA in Frankfurt den 1800 präsentierten. Äußerlich bis auf die seitlichen Chromzierleisten und die Radzierringe nahezu unverändert und mit 9985 Mark auch nur 500 Mark teurer als ihr 1500, bot der Neue außer einigen Modellpflegemaßnahmen an der Innenausstattung vor allem einen größeren Motor. 90 PS aus 1800 ccm standen nun 80 PS aus 1500 ccm gegenüber. Der von vielen Testern und Käufern beanstandeten mangelnden Elastizität waren die BMW-Techniker mit dem einzig richtigen Rezept zu Leibe gerückt: mehr Hubraum.

So fing's an: Alpinas-Leistungskur für den 1500.

Die Firma Bovensiepen & Co. KG, ein Ableger der Firma Alpina Büromaschinen-Werke, sah im Unmut der sich um 10 PS geprellt fühlenden 1500er-Fahrer ihre Marktlücke. Ab Herbst 1963 bot sie für 980 Mark (incl. Einbau) einen Umbausatz an, der die 1,5 Liter-Maschine auf 92 PS beflügeln sollte.

Ideales Tuningobjekt: Der Vierzylinder

Daß der ohc-Vierzylinder geradezu prädestiniert für eine Leistungssteigerung war, erkannten Tuning-Experten schon beim bloßen Blick unter die Motorhaube. Bedingt durch die Schräglage des Triebwerks war auf der Ansaugseite viel Platz entstanden. So schrieb die „Motor-Rundschau", daß es ihr schon „beim ersten Anblick des 'häßlichen' Einvergaser-Ansaugkrümmers und der so einladend im Kopf sitzenden, vollkommen getrennten vier

Ansaugkanäle, die überdies gerade noch den richtigen Abstand voneinander hatten, zum Umbau auf einen Vier-Vergaser- oder Zwei-Doppel-Vergaser-Betrieb in den Fingern juckte."

Herzstück des Alpina-Umbaus waren zwei Weber-Horizontal-Doppelvergaser vom Typ 40 DCOE-2, die den einfachen Solex-Fallstromvergaser des Serienmotors ersetzten. Die Anlage bestand außerdem aus polierten Einlauftrichtern, zwei kurzen Doppel-Ansaugrohren sowie einem gemeinsamen großen Naßluftfilter und wußte schon rein optisch zu überzeugen. Ihrer Verarbeitung bestätigte „auto, motor und sport"-Redakteur Gert Hack eine so hohe Qualität, daß man sie ohne weiteres für eine Werksausführung halten konnte.

Aber nicht nur die Optik überzeugte – auch die Meßergebnisse der Leistungskur konnten sich sehen lassen. Der BMW 1500 Alpina beschleunigte in 13,1 Sekunden von 0 auf 100 km/h (Serie: 14,9 Sekunden) und lief 160 km/h Spitze (Serie: 150 km/h). In Sachen Elastizität konnte er es zwar nicht mit dem 1800 aufnehmen, aber im oberen Drehzahlbereich – seine Höchstleistung erreichte er bei 6000 U/min – hielt er wacker mit dem größeren Bruder mit. Dabei brauchten die Käufer keine Zugeständnisse in punkto Alltagstauglichkeit zu machen. BMW verwendete ja im 110 PS leistenden 1800 TI denselben Kurbeltrieb. Allenfalls der Verbrauch trübte die Freude am Leistungszuwachs. 15 Liter auf 100 Kilometer konnten bei scharfer Beanspruchung schon mal ohne weiteres durch die Doppelvergaser fließen – ein Problem, das die Alpina-Leute durch andere Düsenbestückung bald in den Griff bekamen.

Deutlicher Unterschied: Serienventil und handpoliertes Ventil.

Größere, polierte Ventile gehörten zum Standard der Tuning-Künstler.

Doppelvergaser für alle Modelle

Die rege Nachfrage nach Umbausätzen für den 1500 ermutigte Alpina-Eigner Burkhard Bovensiepen zu weiteren Taten. BMW hatte den 1500 zwar schon 1964 durch den 1600 ersetzt, der endlich den Elastizitätsmangel auch bei der kleinsten Motorversion ausbügelte – bei vielen Fahrern der Neuen Klasse bestand aber offenbar ein Bedürfnis nach noch mehr Leistung. Vor allem im großen Preisunterschied von 2000 Mark zwischen 1800 und 1800 TI sah der clevere Allgäuer jetzt seine Marktlücke. Zudem glaubte er, daß nicht alle BMW-Kunden mit der sportlich-harten Fahrwerksauslegung des 1800 TI glücklich waren.

Kein Wunder also, daß er das 1500er-Erfolgskonzept – zwei Weber-Doppelhorizontalvergaser in Verbindung mit kurzen Doppelsaugrohren – ab 1964 für alle drei Motorversionen, 1500/1600, 1800 und 1800 TI, anbot. Für 150 Mark Aufpreis gab es außerdem einen Sportsatz mit verlängerten Einlaßlufttrichtern, der – ohne Luftfilter und Ansauggeräuschdämpfung – den Leistungszuwachs nochmals erhöhte. Der 1500/1600 leistete mit offenen Trichtern 95 PS, der 1800 113 PS und der 1800 TI 120 PS.

Bei den „zivilen" Versionen, die dank Ansauggeräuschdämpfung und Luftfilter die TÜV-Hürde problemlos nahmen, betrug die Leistung immerhin 92 PS beim 1500/1600, 108 PS beim 1800 und 115 PS beim 1800 TI.

Mit modifiziertem Zylinderkopf: 1800 TIZ

Beim 1800 TI, der ja bereits serienmäßig mit einer Doppelvergaser-Anlage bestückt war, konnte der Kunde zusätz-

Schon früh erkannten die Tuning-Firmen (hier Alpina-Chef Burkhard Bovensiepen am Steuer) . . .

. . . welches Potential im Fahrwerk und im Motor der kompakten Limousinen steckten.

Viel Handarbeit: Polieren einer Ansaugbrücke.

Leistungsinflation: 1600 Alpina GT

Um den Namen „Alpina" auch auf Rund- und Rallyestrekken publik zu machen, stellten die Allgäuer im Spätsommer 1965 eine Tuning-Stufe vor, die aus der viertürigen Limousine endgültig einen reinrassigen Sportwagen machte. Der BMW 1600 Alpina GT stellte die bisherigen Leistungsvorstellungen von 1,6 Liter-Wagen auf den Kopf. 140 PS bei 7200 U/min lockten die Techniker aus dem Vierzylinder. Ein Drehmoment von 15,5 mkg, allerdings erst zwischen 5000 und 6000 U/min, wuchteten die vier Zylinder auf die Kurbelwelle. Die imposanten Motordaten ermöglichten den 100 km/h-Spurt in 8,6 Sekunden und eine Höchstgeschwindigkeit von 189 km/h. In der Beschleunigung übertraf der Alpina damit sogar die werksseitige Basis-Version für den Motorsport, den 1800 TI/SA.

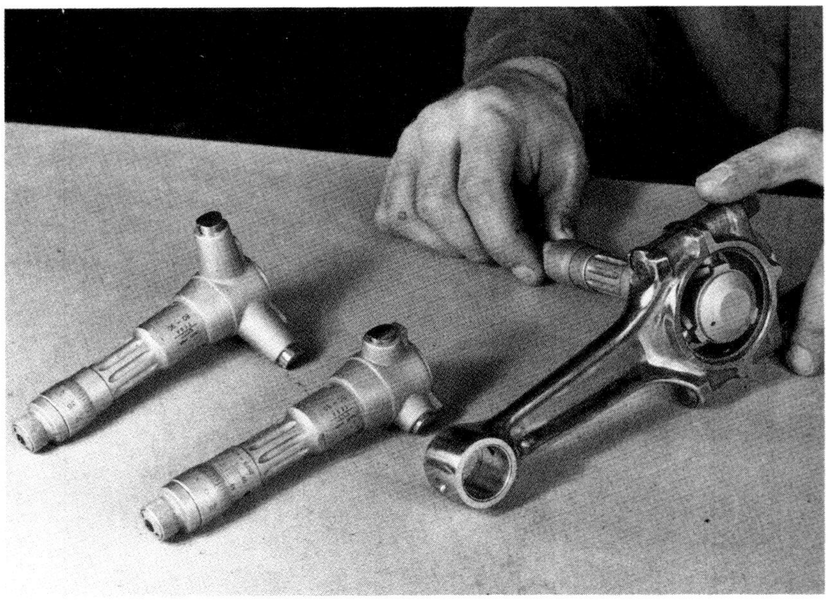

Präzision ist alles: Bearbeitetes Pleuel vom Rennmotor.

lich noch eine „TIZ" genannte Tuning-Version ordern. Das „Z" stand für eine komplette Überarbeitung des Zylinderkopfes. Größere Einlaßventile, ein um 40 Millimeter verkürztes Hosenrohr, eine sorgfältige Politur von Einlaß- und Auslaßkanälen sowie das Abfräsen des Zylinderkopfes, wodurch die Verdichtung auf 10,5:1 angehoben wurde, bewirkten einen enormen Leistungszuwachs: 125 PS beeindruckten als Ergebnis der Tuning-Künste. Damit lag der 1800 TIZ-Alpina nur fünf PS unter dem 1800 TI-SA, den das Werk allerdings nur an Sportfahrer mit Rennlizenz verkaufte. 1750 Mark (incl. Einbau) kostete ambitionierte Sportfahrer die 15 PS-Kur für den 1800 TI.

Daß wirkungsvolles Tuning stets auch was fürs Auge bieten muß, wußte Bovensiepen schon 1964. Die Zylinderköpfe aus dem Allgäu waren schwarz lackiert und mit „Alpina"-Schriftzug versehen.

Den besten Eindruck hinterließ bei den Testern von „auto, motor und sport" im Januar 1965 der Motor des 1600. Schon in der Serienausführung hatte er sich besonderen Lorbeer als kultiviertester und laufruhigster Vierzylinder der Neuen Klasse erworben. In der Alpina-Ausführung kam dazu noch eine fulminante Leistungsentfaltung. Die 100 km/h-Marke erreichte der 1600 Alpina bereits in 10,8 Sekunden und mit einer Höchstgeschwindigkeit von 174 km/h übertraf er sogar den serienmäßigen 1800 TI. Dabei hielt sich der Preis im Rahmen. 1050 Mark war der Umbau vielen Interessenten wert. Immerhin bekamen sie dafür die Fahrleistungen des 1800 TI geboten, der in der Liste mit 2500 Mark mehr ausgewiesen war.

Dabei waren die Tester immer wieder von den Allround-Qualitäten des Motors begeistert. Die „Motor-Rundschau" stellte 1964 fest: „Der Fahrbetrieb mit den Alpina-ausgerüsteten BMWs ist eine genauso helle wie ungetrübte Freude. Die BMW-Motoren büßten nichts von ihrer Elastizität und Laufkultur ein, sie sind keine ‚spitzen' Sportmotoren geworden, die man stets hochdrehen lassen muß. Ihre Laufcharakteristik ist trotz des erheblichen Temperamentzuwachses voll erhalten geblieben."

Wie hatten die Alpina-Techniker diese Leistungssteigerung erreicht? Zunächst hatten sie den Motor des 1600 komplett zerlegt, Pleuel und Kolben auf eine Gewichtstoleranz von +/- 0,5 Gramm ausgewogen und die Pleuel selbst poliert. Eine Überarbeitung der Kolben war zudem wegen der Verwendung größerer Ventile notwendig geworden. Der Zylinderkopf entsprach dem des TI-SA, der für den 1600 allerdings um 2 Millimeter abgefräst wurde. Weitere Modifikationen: Geänderte Steuerzeiten (Öffnungswinkel der Nockenwelle: 324 Grad) und eine genau passende Abstimmung von Schwing- und Hosenrohrlänge der Ein- und Auslaßseite. Die zusätzliche elektrische Kühlerjalousie (sie sollte dem Motor zum schnellen Erreichen seiner Betriebstemperatur verhelfen), das 5-Gang-Getriebe des TI-SA, ein Drehzahlmesser, ein Schalensitz, Stabilisatoren vorne und hinten, härtere und einstellbare Stoßdämpfer, Gürtelreifen und die mit 6-Zoll-Felgen verbreiterte Spur rundeten die Ausstattung des Fahrzeuges ab, das im übrigen ein Novum in der deutschen Tuning-Szene darstellte. Erstmals bot nämlich ein Tuner nicht einfach einen Umbausatz, sondern ein komplettes Fahrzeug an. Für 14.000 Mark konnte jeder in den Genuß des 1600 Alpina GT kommen.

Möglich war dies durch die Anerkennung der Alpina-Arbeit seitens der BMW-Konzernzentrale geworden. Die Münchener hatten erkannt, daß die Privatfahrer, denen Alpina kostengünstige und konkurrenzfähige Rennfahrzeuge verkaufte, den Ruhm der weiß-blauen Marke im deutschen Tourenwagensport mehren würden. Ein Alpina-Umbau beschnitt denn auch keineswegs, sofern er sich auf die Verwendung der Doppelvergaser beschränkte, die Garantie-Ansprüche der BMW-Neuwagenkäufer – auch ein Novum in der deutschen Automobilszene.

Ein Handicap stand dem endgültigen Triumph allerdings noch im Weg. In der Klasse der Serientourenwagen bis 2000 ccm hatte Hubert Hahne auf BMW 1800 TI schon öfter der Konkurrenz davonfahren können. Für die Klasse bis 1600 ccm, auf die der 1600 Alpina mit seinem Hubraum zielte, waren allerdings keine Doppelvergaser homologiert. Die Folge: Der scharfe 1600er durfte nicht wie der 1800 TI bei den Serientourenwagen, sondern nur in der Klasse der Spezialtourenwagen starten. Dort mußte er gegen so reinrassige Grand-Tourisme-Wagen wie Porsche Carrera oder Lotus Elan antreten. Denen gegenüber hatte er jedoch einen größeren Luftwiderstand und vor allem viel mehr Gewicht mit sich herumzuschleppen. Bergrennen und Rallyes bildeten also fortan die Domäne des 1600 Alpina GT.

Ursache für den Wettbewerbsnachteil waren die Homologationsbestimmungen, die 1966 den Tourenwagen eine Gewichtsreduzierung um mehr als 10 Prozent verboten. Der BMW 1600 hätte – bei einem Leergewicht von 1050 Kilogramm – minimal 945 Kilogramm wiegen dürfen. Tatsächlich war es aber kaum möglich, sein Gewicht unter 1000 Kilogramm zu drücken.

Hoffnungsträger: Der 1600-2

Da wundert es nicht, daß Freude und Erleichterung in der Tunerszene herrschten, als die Bayerischen Motoren Werke im Sommer 1966 den zweitürigen 1600-2 präsentierten. Sein Leergewicht von 940 Kilogramm bei gleichzeitiger Übernahme der sportiven Qualitäten des Motors und des Fahrwerks der Viertürer, ließ ihn zur heißesten Sportwaffe der Tourenwagenzunft avancieren. Es war nur eine Frage der Zeit, bis sich Tuner und Sportfahrer am 1600-2 austoben würden.

Bereits kurz nach dem Anlaufen der Fließbänder für BMWs künftigen Erfolgstyp bot die Firma Alpina denn auch gleich drei verschiedene Tuningstufen für den kompakten 1600 an: eine Normalausführung für 990 Mark, die mit Doppelvergasern und Luftfilter statt 85 jetzt 100 PS leistete, eine Alpina-Spezial-Ausführung für 1690 Mark, die mit zusätzlich überarbeitetem Zylinderkopf 110 PS leistete und den bekannten, nochmals modifizierten Renn-Motor des Alpina 1600 GT, der im 1600-2 nun für 150 PS bei 7500 U/min gut war.

Speziell die letztgenannte Motorversion ließ den 1600-2 zur Rakete werden. Obwohl mit Straßenzulassung ausgeliefert, war der 1600-2 Alpina RS speziell für den Rennsport konstruiert. Von der gerühmten Laufkultur des serienmäßigen 1600er Motors war deshalb auch nicht viel

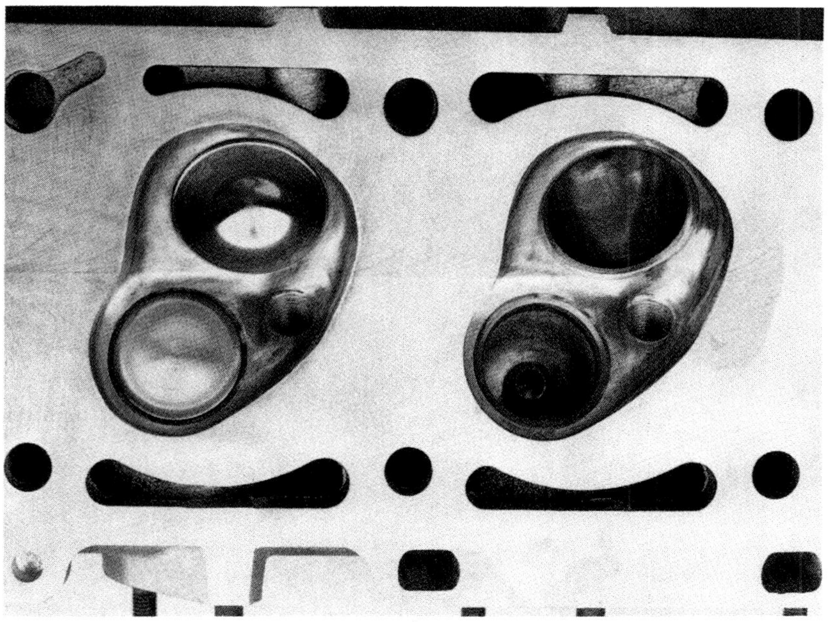
Auch die Brennräume wurden von den Tunern noch überarbeitet.

übrig geblieben. Unterhalb von 3000 U/min nahm die mit dem Zylinderkopf des 2000 TI ausgerüstete Maschine nur unwillig Gas an, bis 5000 U/min wirkte sie noch ein wenig kraftlos, um dann aber jenseits der 5000 U/min-Grenze bis zur Nenndrehzahl von 7500 U/min förmlich zu explo-

Nur die Rennmotoren hatten einen genau halbkugelförmigen Brennraum.

Dachkolben für den Halbkugel-Brennraum.

dieren. Wer fleißig im Fünfgang-Getriebe rührte und den nutzbaren Drehzahlbereich nicht verließ, konnte die 150 PS in exzellente Fahrleistungen umsetzen. Von 0 auf 100 km/h beschleunigte der Alpina RS in 7,9 Sekunden und ließ damit selbst die getunten Ausführungen des 2000 TI hinter sich.

Kein anderes Fahrzeug der 1,6 Liter-Klasse hatte solche Fahrleistungen zu bieten. Damit sich aber auch das Fahrwerk den Fahrleistungen gewachsen zeigte, waren Stabilisatoren, breite 5½-Zoll-Felgen, „Racing"-Reifen der Größe 5.50-13, verstärkte Achsschenkel, andere Bremsscheiben und stärkere Radnaben obligatorisch. Für DM 16.000.– lieferte Bovensiepen den 1600-2 Alpina RS zudem komplett mit Fünfgang-Getriebe, geänderter Lenkübersetzung, Schalensitz und Lederlenkrad.

Perfekte Alltagstauglichkeit: 1600-2 Alpina

Wer aber mit seinem 1600-2 keine Rennen fahren, sondern lediglich den Understatement-Effekt des starken Motors im kompakten Auto genießen wollte (1966 war eher das Gegenteil an der Tagesordnung), für den war der 1600-2 Alpina in der ersten Tuning-Stufe genau das richtige Auto. Die Laufkultur des Serienwagen, gepaart mit einer erheblichen Steigerung der ohnehin guten Fahrleistungen, schuf ein Auto, das in seiner Konsequenz vielleicht der Vorstellung von der propagierten „Freude am Fahren" am nächsten kam. Mit einer Höchstgeschwindigkeit von 180 km/h zählten 1600-2 Alpina-Fahrer 1966 zu den ganz Schnellen im Lande. Die Beschleunigung von 10,7 Sekunden von 0 auf 100 km/h war ebenfalls eine Marke, die nur wenige und dann erheblich teurere Autos übertreffen konnten.

Ein Wermutstropfen trübte allerdings weiterhin die Bovensiepenschen Tuning-Künste. Zwar hatte der 1600-2 den Gewichtsnachteil des Viertürers egalisiert, und die bessere Handlichkeit hatte seine Wettbewerbsfähigkeit noch zusätzlich verbessert. Ein nach Alpina-Muster frisierter 1600-2 mußte aber nach wie vor in der selten ausgeschriebenen Klasse der Spezialtourenwagen starten, für die es keine Meisterschaftsläufe gab. Für die Zulassung in der Serien-Klasse hätte BMW mindestens 1000 Stück eines 1600 mit Doppelvergasern bauen müssen. Aber bis es soweit war, mußten sich Sportfahrer und Tuner in Geduld üben. Der 1600 TI, endlich mit Doppelvergasern, debütierte erst im September 1967 . . .

Von da an gab es im Motorsport kein Halten mehr für die schnellen BMWs. Nicht nur für die aus dem Hause Alpina. Auch die Grähser-, Koepchen-, Schnitzer- oder GS-getunten Kraftpakete fuhren der weiß-blauen Marke viele nationale und internationale Erfolge ein.

Kraftpaket: Zweiliter-Motor von Alpina.

Leistung und Laufkultur: Der Zweiliter

Die nächste entscheidende Neuerung im BMW-Kompakt-Programm war die Einführung des 2002 im Januar 1968. Kenner der Szene wußten, daß auch für den Zweiliter-Motor die Alpina-Version schon fix und fertig im Regal lag. Wieder boten die Kaufbeurener Autoveredler ein komplettes Fahrzeug an: 17.650 Mark sollte der 2002 Alpina kosten. Dafür bekam der Kunde allerdings ein Fahrzeug, das dem bisherigen Programm die Krone aufsetzte. Die

Privatfahrers Traum: Perfekt verarbeiteter Alpina-Rennmotor.

Kultiviertheit des 2002-Motors in Kombination mit den Fahrleistungen des 1600-2 Alpina RS.

Ausgangsbasis war natürlich der serienmäßige 2002. Die Alpina-übliche Umrüstung auf Doppelvergaser, eine schärfere Nockenwelle mit 300 Grad Öffnungswinkel und vergrößertem Ventilhub, größere Ventile, geschmiedete Kolben, umgestaltete Brennräume sowie erleichterte und polierte Pleuel ließen zusammen mit der komplett neuentwickelten Auspuffanlage die Leistung des 100 PS-Serienaggregats auf 160 PS bei 6600 U/min klettern. Mit einer Rennauspuffanlage, halbkugelförmigen Brennräumen und einer 324 Grad Nockenwelle konnte diese nochmals auf über 200 PS gesteigert werden.

Faszinierend am 2002 Alpina waren aber nicht allein die Fahrleistungen, sondern ebenso das unproblematische Alltagsverhalten. Ein stabiler, runder Leerlauf, eine saubere Gasannahme auch unter 3000 U/min (dabei lag schon ein Drehmoment von 17 mkg an) sowie die überragende Leistungsentfaltung bis 7000 U/min hatte man in dieser Kombination bisher nicht für möglich gehalten.

„Der Grand-Tourisme-Wagen schlechthin“

Paul Frère testete den 2002 Alpina für die belgische Zeitschrift „Sportmoteur“: „Am erstaunlichsten waren die Versuchsfahrten auf der Rennstrecke von Vallelunga. Den kleinen Kurs umrundete der BMW in 1:04,0 min, 1 Sekunde schneller als der (Lamborghini) Miura und 5,1 Sekunden schneller als die beste Zeit, die ich vor zwei Jahren mit einem Porsche 911 S erreichte. Für einen so hochfrisierten Motor ist der BMW-Alpina erstaunlich elastisch: Wenn man bei 2000 U/min im fünften Gang (was rund 60 km/h entspricht) das Gaspedal voll durchtritt, beschleunigt der Wagen ohne Stottern hoch, wobei es lediglich im Bereich von 3000 U/min ein deutliches Loch gibt. Darüber jedoch zieht der Motor gleichmäßig, und ab 4500 U/min setzt die Leistung richtig ein, um bis zur normalerweise erlaubten Höchstdrehzahl von 7000 U/min ständig zuzunehmen. Wenn es ein echtes Grand-Tourisme-Auto gibt, dann ist es dieses.“

Die Fahrleistungen, die Frère ermittelte (allerdings mit der 180 PS-Version ohne Luftfilter und Ansaugdämpfung): 0-100 km/h in 6,2 Sekunden, Höchstgeschwindigkeit: 210 km/h.

Als im Oktober 1968 der 2002 TI erschien, waren die Doppelvergaser dann auch in der Klasse bis 2000 ccm homologiert. Mit einem Kampfgewicht von knapp über 900 Kilogramm sollte es auf Jahre hinaus kaum eine ernstzunehmende Konkurrenz für die kleinen BMWs geben!

Exklusiv bei Schnitzer: 2002 mit Benzineinspritzung

1968 war überhaupt das Jahr der BMW-Tuner. In „auto, motor und sport" lieferten sich der Freilassinger Josef Schnitzer und Burkhard Bovensiepen erbitterte Anzeigenduelle. Dem vermeintlichen Großbetrieb Alpina, in dem Schnitzers Meinung nach nicht sauber gearbeitet werden konnte – Tuning sei schließlich Handarbeit – entgegnete der Alpina-Chef, aufgrund seines hochwertigen Maschinenparks habe er „Handschnitzereien" nicht nötig. Tatsache ist, daß die Schnitzer-getunten BMWs im Sport – vor allem in der Gruppe 5 – häufiger anzutreffen waren. Schnitzer, der 1966 auf dem 2000 TI die deutsche Rennsportmeisterschaft gewonnen hatte, konnte

Tadelloses Finish: Alpina-Motor mit Zweifach-Doppelvergasern.

Zum Motor das Fahrwerk: Schräglenker mit geschlossenem Profil.

Reichhaltiges Angebot: Koepchen-Tuning-Prospekt von 1969. ▶

schließlich schon Anfang 1968 den 2002 mit Benzineinspritzung liefern, den es bei Alpina erst viel später gab.

Das Tuningprogramm von Schnitzer, der den Verkauf seiner Produkte zunächst über den Willicher BMW-Händler Peter Koepchen abwickelte, sah im Dezember 1968 so aus: Den 2002 brachte der Tuner in einem Tag für 900 Mark auf 117 PS und den 1600 TI für 980 Mark auf 120 PS. Wem das nicht reichte, dem bot Schnitzer exklusiv einen Einspritzmotor für den 2002 an, der 150 PS leistete.

Aufgeblasen: 2002 Turbo-May

Gänzlich andere Wege als die des üblichen Schnellermachens ging 1970 der Tuner Michael May aus dem Eifelstädtchen Mayen. Im Bestreben jedes PS-Zauberers, die den Motor durchfließende Gemischmenge zu erhöhen, beschäftigte er sich nicht mit dem Installieren von größeren Vergasern oder dem Polieren von Ein- oder Auslaßkanälen. Michael May pflanzte einfach einen Abgas-Turbolader vor den Einfach-Vergaser des 2002, der in der Sekunde bis zu 160 Liter Luft in den Motorraum pumpte. Resultat der unkonventionellen Leistungskur: 170 PS bei 6500 U/min.

Die Turbo-Technik war 1970 im Automobilbau noch ausgesprochen exotisch, obwohl das Prinzip der Gemischaufladung schon lange bekannt war. In den dreißiger Jahren war die mechanische Gemischaufladung mittels Kompressor die gängigste Form der Leistungserhöhung. Außerdem liefen BMW-Rennmotoren in Tourenwagen schon in der Saison 1969 mit Turbolader. Herkömmliche Tuningarbeiten und ein Ladedruck von 1,0 bar hatten deren Leistung auf 280 PS wachsen lassen.

Im Straßen-BMW 2002 Turbo ließ May es bei 0,6 bar Ladedruck bewenden. Den 2002-Motor hatte er wegen der geringeren Verdichtung und einer damit erhofften längeren Lebensdauer dem 2002 TI-Aggregat vorgezogen. Außerdem gab der TÜV mehr als die 170 PS, die der 2002 Turbo auch mit einem Einfachvergaser locker aus dem Ärmel schüttelte, nicht für eine Straßenzulassung frei. Auch sonst änderte May wenig. Kupplung, Kühlsystem

Hs. PETER KOEPCHEN
GMBH
- BMW Vertragswerkstatt -

4151 Willich/Krefeld – Krefelder Straße 198 – Telefon 02154-3508

TUNING KOEPCHEN

PREISLISTE

Tuning-Programm 1969

LEISTUNGSSTEIGERUNGEN

BMW 1600/2 — serienmäßig 85 PS —

TI-Anlage, Leistungssteigerung auf **105 PS** — Beschleunigung mit serienmäßiger Hinterachsübersetzung von 0 bis 100 km/h = 10,2 sec — bestehend aus: 2 SOLEX-Doppelvergaser, Spezial-Gasgestänge, 4 Lufttrockenfilter und ca. 55 Original-BMW-Teile
einschließlich Einbau und Einstellung **DM 850,—**

BMW 1600 TI und GT — serienmäßig 105 PS —

1. Spezial-Zylinderkopf (i. AT.), Leistung mind. **120 PS** — 0 bis 100 km/h = 9,8 sec — durch Überarbeitung des gesamten Zylinderkopfes, 300° Nockenwelle, Änderung der Verdichtung, Spezial-Luftfilter, geänderte Vergaserbestückung, Spezialventilfedern . . . **DM 980,—**
Einbau und Einstellung DM 120,—
2. Spezial-SCHNITZER-Motor (i. AT.) in Straßenversion, mind. **135 PS** — 0 bis 100 km/h = 8,9 sec — Spezial-Nockenwelle, große Ein- und Auslaßventile (44 mm Ø), Spezial-Kolben und Ventilfedern, 2 WEBER-Vergaser 45 DCOE, elektronisch gewuchtete Kurbelwelle und Schwungscheibe **DM 2980,—**
Einbau und Einstellung DM 120,—
3. SCHNITZER-Rennmotor (i. AT.) nach Gruppe 2 mind. **154 PS** komplett mit abgestimmten Rennauspuff . . . **DM 4360,—**
Einbau und Einstellung DM 140,—
4. SCHNITZER-Einspritz-Rennmotor (i. AT.) nach Gruppe 5 mit KUGEL-FISCHER-Einspritzanlage, mind. **170 PS,** Spezial-SCHNITZER-Kurbelwelle, Fächerauspuff, Tellerfederkupplung u. v. m. — Genaue Daten auf Anfrage . . . **DM 7400,—**
Einbau und Einstellung DM 180,—

BMW 2002 — serienmäßig 100 PS —

TI-Anlage, Leistungssteigerung auf **117 PS** — 0 bis 100 km/h = 9,7 sec — Original-BMW-Luftfilteranlage, sonst siehe oben BMW 1600/2, einschließlich Einbau . . . **DM 900,—**

BMW 2002 TI — serienmäßig 120 PS —

1. Spezial-Zylinderkopf (i. AT.), Leistung mind. **140 PS** — 0 bis 100 km/h = 8,9 sec — weitere Beschreibung siehe oben 1600 TI, Nr. 1 . . . **DM 980,—**
Einbau und Einstellung DM 120,—
2. Spezial-SCHNITZER-Motor (i. AT.) in Straßenversion, mind. **150 PS** — 0 bis 100 km/h = 8,3 sec — durch Spezial-Zylinderkopf mit halbkugelförmigen Brennräumen, geschmiedeten Kolben, Spezial-Nockenwelle, 45er-WEBER-Doppelvergaser, überarbeiteter Kurbeltrieb, Kurbelwelle und Schwungscheibe elektronisch gewuchtet . . . **DM 2980,—**
Einbau und Einstellung DM 120,—
3. Spezial-SCHNITZER-Motor (i. AT.) in Rallyeversion, mind. **160 PS,** Bearbeitung und Teile wie oben, jedoch zusätzlich: Spezial-Pleuel, geschmiedete Spezial-Kolben, 315°-Nockenwelle, leichte Schwungscheibe, verstärkte Kupplung (Gegen Aufpreis von DM 550,— i. AT.: „Teller-Feder-Kupplung", bestehend aus: Spezial-Automat, geklebte ungefederte Mitnehmerscheibe und extrem leichte Spezial-Schwungscheibe) . . . **DM 3850,—**
Einbau und Einstellung DM 140,—
4. Spezial-SCHNITZER-Rennmotor (i. AT.) nach Gruppe 2, garantiert **190 PS** mit Rennauspuff (Aufpreis für „Teller-Feder-Kupplung" siehe oben Nr. 3) . . . **DM 4200,—**
Einbau und Einstellung DM 160,—
5. Spezial-SCHNITZER-Einspritzmotor (i. AT.) nach Gruppe 5 mit KUGELFISCHER-Einspritzanlage, ca. **205 PS,** siehe auch BMW 1600 TI Nr. 4 (TITAN-Pleuel gegen Aufpreis) . . . **DM 7400,—**
Einbau und Einstellung DM 160,—

Nürburgring-abgestimmtes-Fahrwerk:

2 BOGE-Spezial-Federbeine i. AT . . . **DM 130,—**
2 BOGE-Spezial-Stoßdämpfer hinten i. AT . . . **DM 110,—**
KONI-Federbein-Einsätze in Druck- und Zugstufe verstellbar . . . **DM 120,—**
KONI-Stoßdämpfer hinten . . . **DM 80,—**
Tieferlegen des gesamten Wagens . . . **DM 120,—**
Negativer Sturz vorne — kompletter Umbausatz — . . . **DM 95,—**
Querstabilisatoren vorne und hinten — kompletter Satz . . . **DM 82,50**
Einbau ca. DM 35,—
Spezialbremsklötze für Wettbewerbszwecke . . . — für große Scheibenbremse — pro Satz **DM 98,—**
. . . — für BMW 1600/2, 2002 — pro Satz **DM 71,65**
Steinschlagunterschutz aus Federstahl für Rallyes . . . **DM 245,—**

FELGEN UND ZUBEHÖR

Stahl	5,0" x 13 BORRANI-Lochfelge	Spurverbreiterung 10 mm	**DM**	**40,—**
	5,5" x 13 BORRANI-Lochfelge (über 5,0" nur in Verbindung mit „verstärktem Fahrwerkssatz" zugelassen)	„ 20 mm	**DM**	**44,—**
	5,5" x 13 Spezial-Tiefbettfelge	„ 25 mm	**DM**	**74,—**
	6,0" x 13 „	„ 38 mm	**DM**	**108,—**
	7,0" x 13 „	„ 64 mm	**DM**	**120,—**
	6,0" x 14 LEMMERZ	„ 20 mm	**DM**	**42,—**
Leichtmetall	4,5" x 13 COSMIC	„ 10 mm	**DM**	**113,50**
	5,5" x 13 COSMIC	„ 20 mm	**DM**	**134,90**
	5,5" x 13 Alu-Magnesium-Felge (3-teilig)	„ 26 mm	**DM**	**249,—**
	6,0" x 13 „ „	„ 40 mm	**DM**	**259,—**
	7,0" x 13 (Gr. 2) „ „	„ 70 mm	**DM**	**298,—**
	7,5" x 13 (Gr. 5) „ „	„ 82 mm	**DM**	**318,—**

Kotflügelverbreiterung

Bei Verwendung von Felgen über 5,5" – also Spurverbreiterung über 26 mm – müssen vorne und hinten Kotflügelverbreiterungen montiert werden. Diese sind für die Typen BMW 1600 TI, 2002 bzw. 2002 TI in der Gruppe 2 Anhang J homologiert:

a) alte Ausführung — kompletter Satz = 4 Stück — . . . **DM 580,—**
b) neue Ausführung **(TUV-Abnahme möglich)** — kompletter Satz — . . . **DM 785,—**

5,5" x 14 COSMIC . . . 20 mm **DM 174,80**

Drahtspeichen

jeweils kompletter Umrüstungssatz, bestehend aus 4 Drahtspeichenräder mit hochpolierter Aluminiumfelge, Chromspeichen, verchromter Achtkantmutter für den Zentralverschluß, Zwischenflansch aus geschmiedetem Stahl mit Feinverzahnung und Montageschlüssel – für:

BMW 1600/2, TI und GT in 5 K x 13 . . . **DM 1499,—**
BMW 2000, TI, TILUX und CS in 5,5 K x 14 . . . **DM 1540,—**

Radmutter — hochglanzverchromte vergütete Hutmutter . . . **DM 1,10**
Chromkappe dazu passend . . . **DM 7,—**
Rallye-Caps für Radmuttern in schwarz oder rot . . . **DM —,50**
in Chromfarben . . . **DM —,75**
Plastikkappen dazu passend . . . **DM 2,10**

SCHALENSITZE UND LENKRÄDER

RECARO-**Sportsitz** mit Liegesitzbeschlag . . . **DM 277,—**
Konsole dazu . . . DM 45,—
RECARO-**Rennsitz** . . . **DM 242,—**
Konsole dazu . . . DM 45,—
Mo-Mo-**Lederlenkrad** mit Daumenschutz . . . 350/360/380 mm **DM 198,—**
ABARTH-**Lederlenkrad** mit schwarzen o. weißen Speichen . . . 360 mm **DM 198,—**
PERSONAL-**Lederlenkrad** mit Daumenschutz . . . in 350/380/400 mm **DM 185,—**
Holzlenkrad (Mahagoni) . . . in 350/380/400 mm **DM 175,—**
LE MANS-**K.-Lederlenkrad** mit schwarzen oder weißen Lochspeichen . . . 350 mm **DM 115,—**
MONZA-**Lederlenkrad** mit schwarzen oder weißen Lochspeichen . . . 350 mm **DM 144,—**
„Rallye-Bitter"-**Holzlenkrad** mit geteilten Speichen . . . 400 mm **DM 145,—**
„Indianapolis"-**Lederlenkrad** . . . 380/350/320 mm **DM 148,—**

– alle Preise für Lenkräder einschließlich Adapter für BMW –

KOEPCHEN

SPORT-AUSPUFFANLAGEN

ABARTH-Anlage komplett — Typ geprüft (keine Eintragung erforderlich) . . . **DM 310,—**
MANTOVA-spezial-sprint-Auspuff-Endtopf für BMW 1600/2, TI, 2002 . . . **DM 140,—**
für BMW 1800, 2000 und 2000 TI . . . **DM 160,—**
Rennauspuff nur für Rundstrecke und Berg — auf SCHNITZER-Motoren abgestimmt . . . **DM 145,—**
Rallye-Auspuff komplett mit Montage (teilweise i. AT.) . . . **DM 240,—**

TANK, BENZINPUMPE, ÖLWANNE UND KÜHLER

90 Ltr.-Tank mit Geber für BMW 1600/2, TI und 2002 . . . **DM 260,—**
100 Ltr. Kunststoff-Sicherheitstank — durch die Montage zwischen den Radkästen wird eine gleichmäßige Belastung des Fahrwerks erreicht . . . **DM 298,—**
100 Ltr. Tank mit Geber für BMW 2000, TI, TILUX und CS . . . **DM 290,—**
Elektrische Benzinpumpe . . . **DM 98,—**
Leichtmetall Ölwanne — Motorölfüllung dabei 5 Ltr. — . . . **DM 82,—**
Ölkühler für Wettbewerb oder Straße — ohne Anschlußteile — . . . **DM 97,50**
Spezial-Wasserkühler, Inhalt insgesamt 9 Ltr. . . . **DM 275,—**
Spezial-Gasgestänge — universal für WEBER und SOLEX verwendbar . . . **DM 45,—**

INSTRUMENTE UND SONSTIGES SPORTZUBEHÖR

GOSSEN-**Drehzahlmesser** bis 9000 U/min mit einstellbarem Höchstdrehzahlmesser . . . **DM 136,—**
VDO-**TISA-Drehzahlmesser** bis 8000 U/min mit einstellbarem Höchstdrehzahlmesser . . . **DM 148,—**
VDO-**Cockpit-Instrumente** (mattschwarz, weiße Ziffern, rote Zeiger)

A. Einzelinstrumente:

Ölfernthermometer	**DM 23,60**	**Öldruckmesser**	**DM 20,90**
Geber dazu	DM 19,80	Geber dazu	DM 24,50
Wasserthermometer	**DM 23,60**	dto. mit Warnkontakt	DM 35,—
Geber dazu	DM 12,—	Winkelstück dazu	DM 8,80
Amperemeter	**DM 10,90**	Zeituhr	**DM 36,40**

B. Kombination mit Hartgummihalter:
3 Instrumente (Temperatur, Druck und Amperemeter) ohne Geber . . . **DM 62,70**
2 Instrumente (Temperatur und Druck) ohne Geber . . . **DM 40,45**

C. Instrumentenhalter:

	Gummi	**Blech**
3-fach	**DM 7,30**	**DM 3,60**
2-fach	**DM 5,90**	**DM 2,70**
1-fach	**DM 4,55**	**DM 1,90**

Hochleistungszündspule — BOSCH . . . **DM 17,50**
HALOGEN-Breitstrahler kompletter Einbausatz mit Relais, Befestigungsteilen, Kabelstrang usw. . . . **DM 135,—**
HALOGEN-Weitstrahler dto. . . . **DM 125,—**
HALOGEN-Abblendlicht „Cibie" pro Einsatz . . . **DM 33,70**
Tachometer bis 220 km/h i. AT. für BMW 1600/2, TI und 2002 . . . **DM 25,—**
Sebring-Außenspiegel — leichte Ausführung — . . . **DM 29,—**
Plexiglasscheiben kompletter Satz für Gruppe 5 . . . **DM 290,—**
Rennbatterie — leichte Ausführung — . . . **DM 198,—**
BOSCH-**Hochgeschwindigkeits-Wischerblätter** . . . pro Satz **DM 16,50**
TRICO-**Wischerblätter** . . . pro Stück **DM 13,50**
Uberrollbügel für BMW 1600/2, TI und 2002 . . . **DM 270,—**
Rennsturzhelm — extrem leicht — . . . **DM 95,—**
Holz- und Lederschaltknöpfe — Teak oder Palisander . . . DM 10,50 — **DM 14,50**

Alle Preise verstehen sich – soweit nichts anderes vermerkt – ohne Montage und Mehrwertsteuer

TUNING **KOEPCHEN**

November 1968 – Änderungen vorbehalten – Entwurf: Hans D. Dutzi – Druck: Hermann Schwieren, Krefeld

BMW 2000 (und **1800 neu**) — serienmäßig 100 (90) PS —

1. TI-Anlage, Leistung ca. **117 (108) PS** — 0 bis 100 km/h = 10,7 (10,5) sec — anderer Bremskraftverstärker aus Platzgründen erforderlich, sonst siehe oben BMW 1600/2, einschließlich Einbau **DM 1260,—**
2. Weitere Tuningstufen dann im Folgenden (bei BMW 1800 jeweils ca. 10 PS weniger):

BMW 2000 TI, TILUX und **CS** — serienmäßig 120 PS —

1. Spezial-Zylinderkopf (i. AT.), Leistung mind. **140 PS** — 0 bis 100 km/h = 9,5 sec — durch Spezial-Nockenwelle, und Überarbeitung des gesamten Zylinderkopfes . . . **DM 980,—**
Einbau und Einstellung DM 120,—
2. Spezial-SCHNITZER-Motor (i. AT.) in Straßenversion, Leistung **150 PS** — 0 bis 100 km/h = 9,1 sec — Spezial-Kolben und Nockenwelle, 45er-WEBER Vergaser, Spezial-Zylinderkopf . . . **DM 2980,—**
Einbau und Einstellung DM 120,—
3. Selbstverständlich können wir auch für diese Typenreihe Motoren in Renn- und Rallyeversionen liefern (siehe unter BMW 2002 TI). Wir empfehlen, für Wettbewerbszwecke den BMW 2002 (oder den BMW 2002 TI als dessen Variante) zu wählen. Für die Gruppe 2 Anhang J des Sportgesetzes sind für diesen Typ und dessen Variante u. a. 7" x 13 Felgen in Verbindung mit Kotflügelverbreiterungen homologiert (siehe auch unten).

Anmerkung zu allen Typen:

1. Für die kompletten Motoren verstehen sich die **AT-Preise bis** zu einer Laufzeit von **10.000 km des „Alt"-Motors** und Rückgabe eines solchen aus der entsprechenden TI-Typenreihe.
a) Bei einer Laufzeit des „Alt"-Motors über 10.000 km müssen wir einen Aufpreis erheben von DM 400,—
b) Bei Anlieferung eines Einvergaser-Motors erhöht sich der Preis um . . . DM 550,—
2. **Einspritzanlagen für alle Typen** können wir auch für die verschiedenen Tuningstufen **in Straßenversion** liefern:
a) In den einzelnen Tuningstufen der TI-Typenreihe erhöht sich die Leistung zwischen 3 und 10 PS. Preis für 1600 TI, GT, 2002 TI, 2000 TI, TILUX und CS bzw. Aufpreis zu der jeweiligen Tuningstufe (Doppelvergaser i. AT.) . . . **DM 1230,—**
Einbau und Einstellung DM 160,—
b Für BMW 1600/2 (oder BMW 2002) Leistung = 5 PS mehr als TI-Anlage, max. Drehmoment 13 (17) mkg bei 4000 (3400) U/min, einschließlich Ansaugkrümmern, geänderten Wasseranschlüssen, Spezial-Luftfiltergehäuse und Filtern . . . **DM 1490,—**
Einbau und Einstellung DM 180,—

GETRIEBE, HINTERACHSE UND LENKUNG

5-Gang-Getriebe für alle BMW-Typen mit passender Kardanwelle (i. AT.) und allen Einbauteilen . **DM 1450,—**
Montagekosten . . . ca. DM 80,—
Differentialsperre zum nachträglichen Einbau . . . **DM 675,—**
komplett mit Hinterachsgetriebe (Übersetzung nach Wunsch) . . . **DM 1200,—**
Hinterachsgetriebe — auf Wunsch folgende Übersetzungen: 3,6:1 — 3,9:1 — 4,11:1 — neu **DM 480,—**
4,22:1 — 4,375:1 — 4,75:1 — 5,32:1 — 5,86:1 — i. AT. **DM 310,—**
Satz Teller-Kegelrad **DM 145 — 160,—**
Lenkgetriebe mit direkter Übersetzung — 12,8:1 — . . . **DM 160,—**

FAHRWERKSVERBESSERUNGEN

„Verstärkter Fahrwerkssatz"

Bei einer Leistungssteigerung der Typen BMW 1600/2, 1600 TI und 2002 über 105 PS muß aus Sicherheitsgründen ein „verstärkter Fahrwerkssatz" eingebaut werden. Für den Typ BMW 2002 TI wird der „verstärkte Fahrwerkssatz" nur für Renn- und Rallyezwecke benötigt.

Nach Einbau eines der beiden folgenden Fahrwerkssätze können wir Ihren Wagen (auch mit den neuen Kotflügelverbreiterungen) **TUV** abnehmen lassen:

1. **Straßenversion;** bestehend aus
Große Scheibenbremse (272 mm Ø), Spezial-Bremssättel, Federbein mit verstärktem Tragrohr und Achsschenkel, große Radlager und Radnaben, Spezial-Stoßdämpfer, Hinterachsschwingen verstärkt und Verbesserung der hinteren Radflanschbefestigung durch Auswahlpassung (bei Bedarf zusätzlich Bremstrommeln mit 230 mm Ø und Querstabilisatoren vorne und hinten) — alle Teile i. AT. — . . . **DM 890,—**
Einbaukosten DM 140,—
2. **Rallye- und Rennversion;** bestehend aus
alle Teile wie oben unter 1., jedoch zusätzlich: verstärkte Querlenker, Querstabilisatoren 18 mm Ø, Federbeine und Stoßdämpfer: BOGE-Spezial (= „Nürburgring-abgestimmtes Fahrwerk"), Deltaträger verstärkt, Trommelbremse belüftet — alle Teile i. AT. — . . . **DM 1390,—**
Einbaukosten insgesamt DM 280,—

Aufpreis für Zweikreisbrems-System, einschließlich Einbau . . . **DM 350,—**

Nur die folgenden Felgen passen zu dem „verstärkten Fahrwerkssatz" und nur in Verbindung mit diesem gelten die genannten Preise (max. 4 Stück):

	Alu-Magnesium-Felge (3-teilig)		**Stahl-Spezial-Tiefbettfelge**	
5,5" x 13	Spurverbreiterung 26 mm	DM 225,—	Spurverbreiterung 25 mm	DM 61,—
6,0" x 13	„ 40 mm	DM 235,—	„ 38 mm	DM 95,—
7,0" x 13 (Gr. 2)	„ 70 mm	DM 265,—	„ 64 mm	DM 104,—
7,5" x 13 (Gr. 5)	„ 82 mm	DM 285,—		

TUNING

Um die Leistung im Griff zu behalten: Innenbelüftete Bremsscheiben.

Tuning-Neuland 1970: May-Abgasturbolader für den 2002.

und Zündeinstellung blieben gegenüber dem Serien-2002 unverändert. Um die Leistung zu verkraften, war lediglich das Fahrwerk des 2002 TI eingebaut.

Die Tester von „auto, motor und sport" lobten vor allem die Elastizität und „brachiale Kraft des Motors". 201,5 km/h erreichte der „aufgeblasene" 2002, auf 100 km/h spurtete er in 8,5 Sekunden. Damit erreichte er zwar nicht ganz die Fahrleistungen des 2002 Alpina, war mit 13.479 Mark jedoch deutlich billiger als sein Allgäuer Rivale, der es auf 15.850 Mark brachte. Wer den Turbo-May allerdings auf die Fahrwerks- und Innenausstattung des Alpina bringen wollte, konnte den Preisvorteil schnell aufzehren.

Konkurrenz belebt das Geschäft: Alpina, Schnitzer und GS

Daß richtiges Auto-Tuning längst keine Beschäftigung mehr für Hinterhof-Bastler war, dokumentierte das Wachstum der drei Großen in der Branche, Alpina, Schnitzer und GS. So beschäftigte Burkhard Bovensiepen 1971 im neuerrichteten Betrieb im bayerischen Buchloe immerhin 80 Mitarbeiter, die pro Jahr rund 1000 Autos einer Leistungskur unterzogen. Beim Freilassinger Herbert Schnitzer, der seinen Schwerpunkt mehr auf die Entwicklung von mehrventiligen Rennmotoren gelegt hatte, arbeiteten 40 qualifizierte Mechaniker, während Newcomer GS-Tuning aus Freiburg es etwas kleiner angehen ließ. Mit nur 20 Mann gelang es dem GS-Team mit Rennleiter Dieter Basche aber ein ums andere Mal, die etablierte Konkurrenz hinter sich zu lassen.

Außer kompletten, getunten Autos, mit denen Alpina die Auto-Veredelung einst „erfunden" hatte, boten alle Tuner auch Spezialmotoren für den Renneinsatz an. Die 1,6-Liter-Spezialmotoren mit Leistungen zwischen 135 und 140 PS waren 1971 in nationalen Rennen noch für vordere Plazierungen gut. Während die 2-Liter Motoren in den Rennversionen längst mit Einspritzmotoren bestückt waren die zwischen 220 und 230 PS leisteten, griffen die Tuner bei den Straßenversionen meist auf die Doppelvergaser zurück.

Neue Herausforderung: 2002 tii

Doch die Einführung des 2002 tii mit der mechanischen Kugelfischer-Benzineinspritzung konnte die Tuner-Szene nicht ruhen lassen – galt es doch, die exaktere Steuerung der Gemischaufbereitung mit den herkömmlichen Tuning-Arbeiten zu kombinieren. So konnten leistungshungrige BMW-Fans schon bald bei mehreren Tunern starke Einspritzmotoren für ihren 2002 kaufen.

Herbert Schnitzer bot „normalen" 2002-Fahrern einen Zweiliter-Motor mit 155 PS an, der im Tausch 2770 Mark kostete. Mit Doppelvergasern, Spezial-Nockenwelle und überarbeitetem Kurbeltrieb hatte der Freilassinger Tuner den Leistungszuwachs erzielt.

Wem das noch nicht reichte und wer zudem noch einen 2002 tii sein besaß, dem stand es frei, einen Zweiliter-Einspritzmotor mit 165 PS einbauen zu lassen. Der kostete, ebenfalls im Tausch, mit überarbeitetem Zylinderkopf und Kurbeltrieb, geändertem Einspritzsystem und Sportnockenwelle 3880 Mark.

Immer noch nicht genug? Kein Problem. Dank ausgiebiger Rennerfahrung war Schnitzer auch in der Lage, einen Zweiliter Vierventil-Motor mit Doppelvergasern anzubieten. 220 bis 255 PS ließen auch Privatfahrers Chancen bei Rennen und Rallyes erheblich steigen. Das gute Stück stellte die PS-Schmiede allerdings auch mit 19.400 Mark in Rechnung. Vorausgesetzt, der Kunde lieferte einen Zweiliter-Motor an.

Tuning vom Feinsten: Sechzehnventilkopf von Schnitzer.

Wer in der Deutschen Rennsportmeisterschaft mitreden oder gar in Rennen zur Tourenwagen-Europameisterschaft in den Ergebnislisten geführt werden wollte, der konnte freilich auch den Zweiliter-Vierventil-Motor für den Rennbetrieb ordern. Mit 270 PS entsprach dieser Motor im Prinzip dem Formel 2-Motor, mit dem Schnitzer in der Europameisterschaft ab 1973 sogar dem Werksmotor Konkurrenz machte. Dem Breitensport war er aber kaum zugänglich: 25.000 Mark für das einbaufertige Triebwerk konnten nur Profi-Teams bezahlen.

Nur GS-Tuning setzte noch auf die Doppelvergaser. Für 17.405 Mark gab es einen 2002 mit 150 PS-Motor, GS-Fahrwerkssatz mit $5^1/_2$-Zoll-Felgen, Spezial-Federbeinen und Stoßdämpfern sowie verstärkten Lenkern.

Und natürlich bereicherte auch Alpina weiterhin die 2002 Tuning-Szene. Ein BMW 2002 Alpina mit 150 PS-Vergasermotor, Alpina Fahrwerkssatz mit 5 ¨-Zoll-Felgen Spezial-Federbeinen und Stoßdämpfern sowie innenbelüfteten Bremsscheiben stand mit 17.561 Mark zu Buche. Wer einen BMW Alpina 2002 tii mit 155 PS-Einspritzmotor und dem Alpina Fahrwerkssatz wie beim 2002 haben wollte, wurde mit 19.306 Mark zur Kasse gebeten. Natürlich gab es die Motoren auch einzeln. Der Zweiliter-Vergasermotor kostete im Tausch 3108 Mark, der Einspritzmotor 3441 Mark. Gegenüber der Konkurrenten hatten die Alpina-Motoren einen wesentlichen Vorteil: Sie entsprachen den neuen europäischen Abgasbestimmungen.

Ein solchermaßen modifizierter 2002 tii Alpina gelangte im September 1973 bei „auto, motor und sport" zum Test. Wesentlichste Unterschiede zum Serien-tii: Die

Die Einzeldrosselanlage des BMW-Alpina 2002 tii.

300 Grad-Nockenwelle (Serie 264 Grad) und die geänderte Kugelfischer-Einspritzung, die nun für jeden Zylinder eine eigene Drosselklappe aufwies. Das Serienaggregat verfügte insgesamt nur über eine Drosselklappe. Mit vier Drosselklappen war aber eine wesentlich genauere Gemischdosierung möglich. In Ergänzung dazu bewirkten überarbeitete Kolben, Brennräume und Kanäle einen höheren Gasdurchsatz und ließen die Leistung von 130 auf 155 PS anwachsen.

Trotz hoher Erwartungen überraschten die Fahrleistungen: Nur 7,4 Sekunden benötigte das „Zuchtpferd" für den Spurt von 0 auf 100 km/h und legte trotz miserabler Aerodynamik eine Höchstgeschwindigkeit von 211,8 km/h hin. Besonders faszinierte aber die Art der Leistungsentfaltung. Ruckfreies Beschleunigen schon knapp über 1000 U/min, fantastische Elastizitätswerte und ein gemäßigter Verbrauch von circa 13 Litern auf 100 km charakterisierten den 2002 tii-Alpina als besonders gelungenes Fahrzeug. Und wer das Buchloer Produkt mit dem Ende 1973 erscheinenden 2002 turbo verglich, konnte eigentlich nur zu dem Ergebnis kommen, daß der Tuner in diesem Fall das Werk übertroffen hatte. Entscheidend für den subjektiven Leistungseindruck eines

1975 bekam der 2002 tii-Alpina das heute noch Alpina-typische Streifendesign verpaßt.

Fahrzeugs sind nämlich nicht die Beschleunigungs-, sondern in erster Linie die Elastizitätswerte. Und es ist eigentlich schade, daß die gesamte zeitgenössische Presse den folgenden Vergleich niemals anstellte . . .

Heute gesucht: Original-getunte Alpina-BMWs.

	BMW 2002 Alpina	BMW 2002 turbo
Spitze	211,8	211,8
Beschleunigung		
0– 40	2,1	2,2
0– 60	3,4	3,6
0– 80	5,4	5,1
0–100	7,4	7,1
0–120	10,3	10,2
0–140	13,9	13,5
0–160	18,7	18,0
0–180	27,0	26,2
Elastizität (im IV. Gang)		
40– 60	4,7	6,6
40– 80	8,8	12,8
40–100	12,4	18,4
40–120	16,2	23,4
40–140	20,1	27,9
40–160	25,0	33,3
Verbrauch 1/100 km	13,9	15,9
Preis DM	ab 19 308,–	20 780,–

Sammlers Traum . . .

Kaum zu glauben: Zwölf Jahre lang hatte der 2002 tii in dieser Garage gestanden.

BMW-Sammler gibt es viele. In den Produkten der weiß-blauen Marke haben Auto-Enthusiasten schon immer mehr gesehen als nur fahrbare Untersätze, die der Beförderung von A nach B dienen. So ist es kein Wunder, daß auch die BMWs der Neuen Klasse und der 02-Reihe nicht zu den Millionen automobiler Wegwerfprodukte gehören, für die sich die Liebhaber erst dann interessieren, wenn das Gros längst auf den Schrottplatz gewandert ist.

Auch der Kaufmann Hans-Friedrich Andexer aus Wuppertal interessierte sich schon früh für die Modelle aus Bayern. Seinen Motorsportaktivitäten auf einem 1600 TI – Ende der sechziger und Anfang der siebziger Jahre – folgte eine Phase ausgeprägter Sammelleidenschaft von BMW-Fahrzeugen, die 1986 von einem Erfolgserlebnis besonderer Güte gekrönt wurde.

Andexer – in Wuppertal als 02-Spezialist bestens bekannt – bekam im Spätsommer 1986 einen Anruf von einem Bekannten, dem er bei der Teilesuche einmal weitergeholfen hatte; er suche doch ständig BMWs der 02-Serie. Nachdem Andexer dies bejahte, fragte der Bekannte, ob er Interesse an einem neuen 02 habe. „Einen neuen 02? Du meinst sicher einen neuwertigen 02." – „Nein, einen Neuen mit 2000 Kilometern auf dem Tacho. Ich glaube, ein 2002."

Nun ist die Oldtimerszene dafür bekannt, daß am Telefon auch gerne mal übertrieben wird. Schon manche via Kabel entzündete Begeisterung ist bei näherer Betrachtung des corpus delicti jäh verloschen, so mancher Kilometer umsonst gewesen. Ein gesundes Mißtrauen schien dem Kaufmann also angebracht. Aber immerhin: besagter 2002 sollte sich in Wuppertal befinden, der Spur konnte also diesmal ohne großen Aufwand nachgegangen werden. Für den folgenden Tag verabredete man sich beim mutmaßlichen Verkäufer.

Dort angekommen, konnte Hans-Friedrich Andexer immer noch nicht so recht glauben, auf einer heißen Fährte zu sein. Der Verkäufer – dem äußerlichen

Außer der dicken Staubschicht päsentierte sich der BMW unversehrt.

Anschein nach wenig vertrauenserweckend – führte ihn zu dem Garagenhof einer Hochhaussiedlung. Als schon der Garagenschlüssel nicht zu passen schien, fühlte Andexer seine Zweifel wachsen, doch der Verkäufer hatte sich lediglich um eine Garage verzählt. Auf das nächste Tor paßte der Schlüssel – und es öffnete sich. Was er dort sah, muß dem BMW-Sammler fast den Atem verschlagen haben:

Da stand tatsächlich ein orange-farbener BMW 2002, sogar ein 2002 tii. Zwar total verstaubt, aber ohne sichtbare Korrosionsspuren. Außen und innen in phantastischem Zustand – praktisch wie neu!

Des Rätsels Lösung: Der Verkäufer hatte den 2002 tii im August 1973 als Neufahrzeug bestellt, Liefertermin war Januar 1974. Zwischenzeitlich hatte ihm aber Justitia wegen Trunkenheit am Steuer den Führerschein entzogen, so daß er bei der Lieferung des schnellen BMW gar keine Erlaubnis mehr hatte, denselben auch zu fahren. Genau das tat er aber trotzdem – und wurde prompt mehrmals erwischt. Diese und andere Eskapaden führten schließlich zum dauerhaften Führerscheinentzug. 2499 Kilometer kamen 1974 noch zusammen, danach ist der BMW nie wieder bewegt worden. Warum das 130 PS-Auto aber bis April 1984 angemeldet blieb – ohne allerdings jemals beim TÜV vorgeführt zu werden – und so seinen Besitzer rund 15 000 Mark Steuern und Versicherung kostete, bleibt dessen Geheimnis.

Hans-Friedrich Andexer war's auch ziemlich egal. Schnell einigte man sich auf einen Preis und der 2002 tii wechselte nach zwölf Jahren erstmals den Besitzer.

Sein neuer Herr baute erst einmal die elektrische Kraftstoffpumpe aus – ihr hatten wohl die zwölf Jahre Stillstand zugesetzt. Nach Einbau einer neuen Batterie und der neuen Kraftstoffpumpe genügte ein Dreh am Zündschlüssel – und der Einspritzmotor erwachte zu neuem Leben, als ob er zwölf Jahre nur auf diesen Augenblick gewartet hätte. Vom Staube befreit zeigte sich das Kleid des BMW auch tatsächlich in tadellosem Zustand, selbst der Motorraum sah so aus, wie er wohl auch bei permanenter Pflege nicht besser hätte konserviert werden können.

Gleich darauf wurde „Dornröschen" beim BMW-Händler zur ersten, „routinemäßigen" Inspektion vorgeführt. Der Kundendienst-Meister staunte nicht schlecht, als er das ein Dutzend Jahre alte, jungfräuliche Wartungsheft präsentiert bekam. Nachdem die Werkstatt trotzdem einen makellosen Zustand bescheinigte, konnte Andexer die nächste Hürde angehen. Die erste Hauptuntersuchung hätte zwar eigentlich bereits im Januar 1976 durchgeführt werden sollen. Aber auch zehn Jahre später, im September 1986 hatten die TÜV-Prüfer nichts an dem orangefarbenen 2002 tii auszusetzen. Hans-Friedrich Andexer konnte beruhigt die ersten zehntausend Kilometer mit seinem neuen, alten BMW angehen . . .

Ohne Probleme: Erste TÜV-Untersuchung – zehn Jahre nach Termin.

Auch im Kofferraum hatte der lange Dornröschen-Schlaf keine Spuren hinterlassen.

Makelloser Zustand: Der Motorraum präsentierte sich nach gründlicher Reinigung wie am ersten Tag.

Kaufberatung

Haben Sie Appetit auf einen BMW 02 bekommen? Kein Wunder, schließlich avanciert der 02 schon jetzt zum modernen Klassiker. Ein Fahrzeug in gutem Zustand verliert praktisch nicht mehr an Wert und bringt zusätzlich jeden Tag eine Menge Fahrspaß: Leistung und Fahrverhalten der kleinen Limousine können auch heutigen Maßstäben gerecht werden. Die folgende Kaufberatung hilft, die guten von den schlechten Exemplaren zu unterscheiden.

Um dabei Mißverständnissen vorzubeugen: Es hat wenig Zweck, mit einer Kaufberatung unter dem Arm einen 02 für ein paar hundert Mark zu begutachten, verschiedene Mängel zu finden und deshalb die Finger davonzulassen. Ein erstklassiges Fahrzeug wird immer auch einen entsprechenden Preis haben. Aber selbst ein Fahrzeug, das viele der genannten, typischen Mängel aufweist, kann interessant sein. Schließlich ist grundsätzlich (fast) jeder Mangel reparabel. Einen Hinweis auf die zu erwartenden Kosten liefert die untenstehende Ersatzteilpreis-Übersicht. Noch wichtiger als der Zustand des Autos sind für den Liebhaber aber ohnehin dessen Merkmale: Ausführung, Ausstattung oder Baujahr.

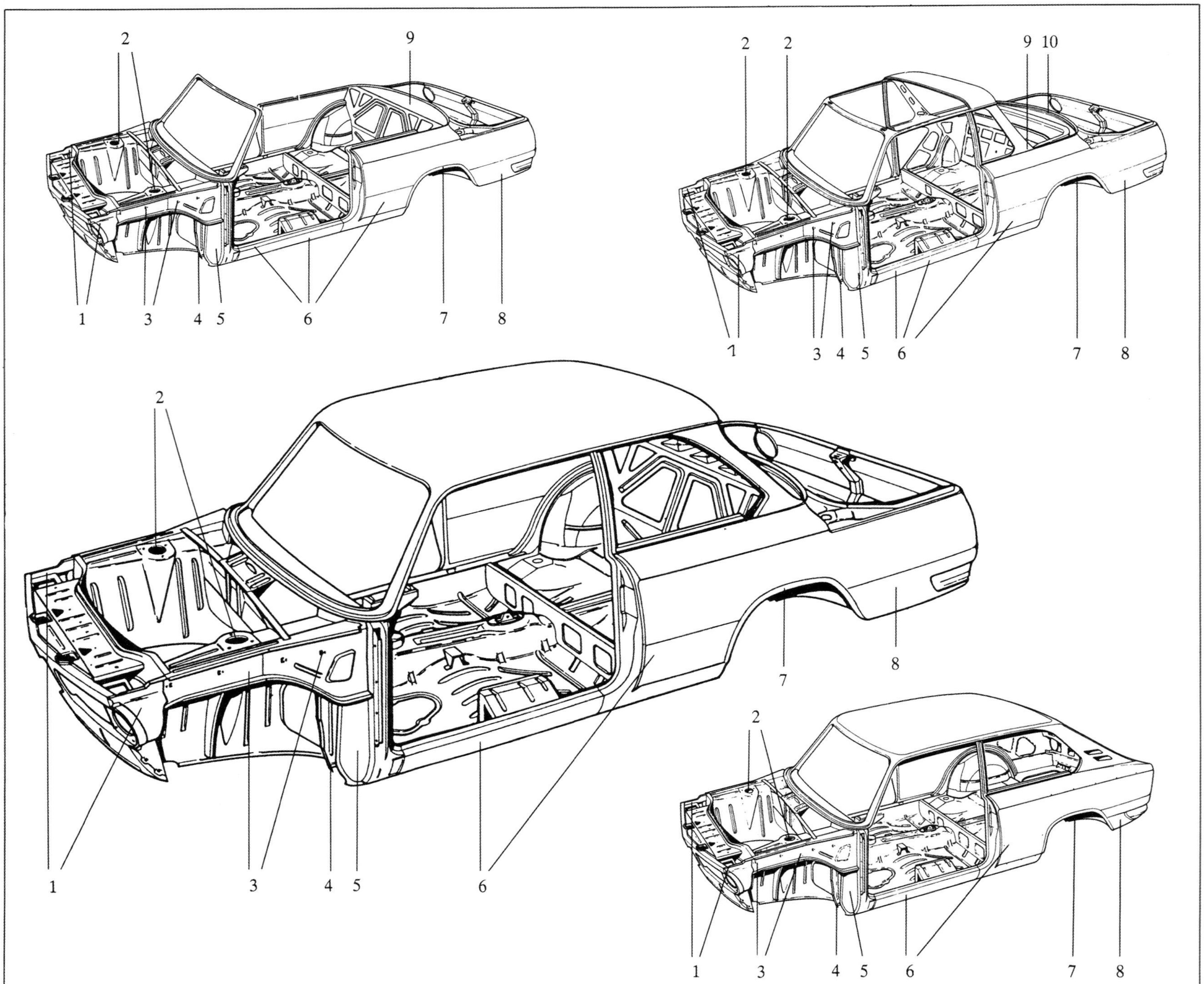

Wie alle anderen Autos auch, hat der BMW 02 besonders korrosionsgefährdete Partien: Bereich der Frontmaske rund um die Scheinwerfer (1), Federbeinaufnahme (2), Verstärkungsträger unter den vorderen Kotflügeln (3), Spritzwand und Bodenblech (4), A-Säule speziell im unteren Bereich (5), Außenschweller (6), hintere Radläufe (7) und Karosserieendstücke (8). Bei den offenen Versionen sind noch die Verbindungspunkte zum Überrollbügel (10) sowie die Anschraubkante des Stoffverdecks (9) kritisch.

Die Qual der Wahl

Zunächst sollten Sie sich also überlegen, welches Modell der 02-Reihe Ihrem Empfinden und Ihrem Geldbeutel am sympathischsten ist. Die Spanne reicht vom 75 PS leistenden 1502 bis zum 170 PS starken 2002 turbo. Die zeitgenössischen Tests und Zitate dieses Buches haben Ihnen bereits einen Eindruck gegeben, was Sie bei der jeweiligen Modellversion erwartet. Empfehlenswert ist aber, die Entscheidung hinsichtlich der Modell- oder Ausstattungsvariante auch unter dem Gesichtspunkt der Wertsteigerung zu treffen.

BMW 1502

Der 1502 ist, vom Liebhaberwert her gesehen, sicher das am wenigsten empfehlenswerte Modell. Als Abgesang der 02-Reihe noch eine Zeitlang als „billiger" BMW-Einstieg parallel zur 3er-Reihe produziert, haftet ihm ein wenig ein „Arme-Leute"-Image an. Zudem ist im 1502 am wenigsten vom vielgerühmten Temperament des Vierzylinders zu spüren. Der 75 PS-Motor ist ein eher müder Geselle, der zudem einen ausgesprochenen Durst an den Tag legt: Ein Verbrauch von 12 Litern/100 km ist keine Seltenheit. Den 1502 gab es nur mit eckigen Rückleuchten, und generell gilt: Mehr Liebhaberwert werden die Versionen mit den runden Leuchten bekommen.

BMW 1600-2

Anders sieht es beim 1600-2 aus: Als Vorreiter der Modellserie und Methusalem unter den 02-Typen kommt ihm eine besondere Wertschätzung zu. Das wissen freilich auch schon andere. Gute 1600-2 werden hoch gehandelt und die Chancen, ein „Schnäppchen" zu machen, sind äußerst gering. Nachteile können sich mit einem 1600-2 dagegen im Fahrbetrieb ergeben: Bis nach den Werksferien 1967 hatte der Zweitürer nur eine 6 Volt-Bordelektrik und ein Einkreis-Bremssystem. Auch einen Bremskraftverstärker werden Käufer vergebens suchen.

BMW 1602

Die spätere Version mit dem 1,6 Liter Motor, der 1602, gilt nicht als Liebhaberauto. Dafür hat er im praktischen Fahrbetrieb einige Pluspunkte auf seiner Seite: Sein 85 PS-Motor geht, ebenso wie beim 1600-2, schon ganz anders zur Sache als der im 1502. Außerdem verfügt über alle modernen Ausstattungsaccessoires – von der heizbaren Heckscheibe bis zum H 4-Licht –, die das Autofahren angenehmer machen.

BMW 1600 TI

Wiederum hohen Liebhaberwert hat der 1600 TI. In nur knapp 9000 Exemplaren produziert, diente er vor allem dem Motorsport. Schließlich war der 1600 TI auch teurer als ein 2002. Den Rennbetrieb haben aber nur wenige 1600 TI unversehrt überlebt, noch weniger im Originalzustand. Die Chance, eines der 105 PS starken Exemplare zu ergattern, ist daher gering. Sein Sammler- ist denn auch höher als sein Alltagswert: Der Doppelvergaser verlangt exakte Einstellarbeit und läßt den simpleren 2002 im täglichen Fahrbetrieb klar zur besseren Wahl werden.

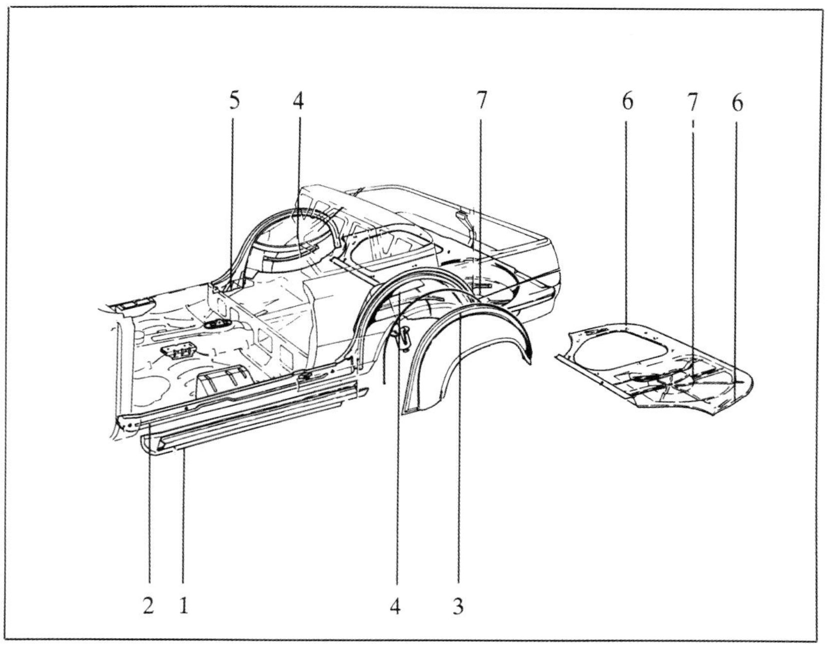

Ins Eingeweide geschaut, offenbart der 02 weitere Rostnester, nämlich die Verstärkungsträger im Schweller beim Cabriolet (1), die Schweißnähte der Längsträger an der Bodengruppe (2), die Kanten der äußeren Radhäuser (3), die inneren Radhäuser im Bereich der Stoßdämpferaufnahme (4), die Aufnahmepunkte der Zugstreben (5), der Kofferraumboden an den Außenkanten (6) sowie im Bereich der Reserveradmulde (7).

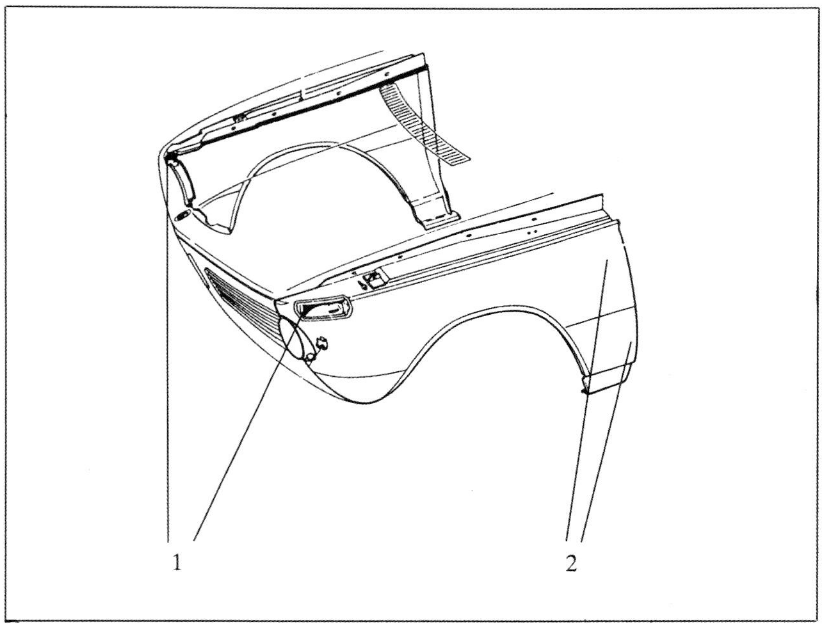

Detailansicht Außenhaut Vorderwagen: Kritische Stellen sind hier die Blinkertaschen (1) und die Anschraubkanten der Kotflügel an die A-Säule (2).

BMW 1802

Der 1802 war von seiner Markteinführung 1971 an zwar der meistverkaufte Typ der Modellserie, besonders begehrt ist er dafür heute nicht mehr. Von den Fahrleistungen her war er dem 2002 fast ebenbürtig – das allerdings bei einem wesentlich höheren Drehzahlniveau. Seine Laufruhe und die insgesamt erfreulichen Motoreigenschaften empfehlen ihn nachhaltig für den Alltagsgebrauch. Nur: Bei Christie's oder Sotheby's werden BMW 1802 wohl nie gehandelt werden . . .

BMW 2002

Der 2002 ist der definitive 02. Bei ihm verwendete BMW erstmals die 02-Endung, und mit über 300 000 gebauten Exemplaren setzte er sich auch weit an die Spitze der gesamten Modellreihe. Die Gründe, die seit 1968 für den 2002 sprachen, haben auch heute noch ihre Gültigkeit: Elastizität, Sparsamkeit und Drehfreudigkeit stehen hier in einem besonders exzellenten Verhältnis zueinander. Darüberhinaus ist der 2002 oft noch günstig zu erwerben. Allerdings schwankt das Angebot stark, zuweilen werden 2002 auch schon zu echten Liebhaberpreisen gehandelt.

BMW 2002 TI

Sammlerpreise erzielt auch der 2002 TI. Die über 16 000 gebauten Exemplare des jahrelangen Abonnementsiegers im europäischen Tourenwagensport sind wie beim 1600 TI allerdings entweder dem Motorsport zum Opfer gefallen oder fest in Liebhaberhand. Wie bei allen Doppelvergaser-BMWs gilt auch hier: Die komplizierte Gemischaufbereitung verleidet durch Schwierigkeiten bei der Synchronisierung die Alltagsfreude ganz ungemein.

BMW 2002 tii

Stückzahlmäßig bessere Chancen ergeben sich beim 2002 tii. Der Einspritzer mit 130 PS ist in über 38 000 Exemplaren vom Band gelaufen. Seine Maschine errang in Tests stets Bestnoten und begeistert noch heute. Zwar werden die guten 2002 tii teuer gehandelt, aber es existiert aufgrund der relativ hohen Stückzahl immerhin noch ein Angebot. Ein guter 2002 tii ist mit Sicherheit eine gute Geldanlage. Doch auch seine Gemischaufbereitung ist nicht frei von Sorgen. Nur wirkliche Könner verstehen es, die mechanische Kugelfischer-Einspritzung einzustellen. Die erste bei BMW in Serie eingebaute Benzineinspritzung reagiert zudem empfindlich auf die Meereshöhe.

Die Exoten

Als Exoten gelten vor allem das Cabrio, der 2002 turbo und auch der Touring.

BMW 1600-2 Cabrio, 2002 Cabrio, 2002 Cabrio mit Überrollbügel

Cabrios erzielen traditionell höhere Preise als Limousinen. Das ist auch beim kleinen BMW nicht anders, zumal sich die produzierten Stückzahlen äußerst bescheiden ausmachen: Ganze 1682 Stück vom 1600 Cabriolet und 2317 Exemplare vom 2002 Cabriolet mit Überrollbügel (incl. Rechtslenker, die es beim Vollcabrio nicht gab), sind überhaupt produziert worden. Echter Liebhaberwert kommt hier vor allem den bügelfreien Cabrios auf 1600-2 Basis zu. Die späteren „Targas" werden nicht ganz so hoch gehandelt. Ein Angebot findet sich in einschlägigen Zeitschriften aber für beide Typen. „Weiße Raben" sind die 1971 nur in 200 Exemplaren gebauten 2002 Vollcabrios. Sie heben sich auch preislich deutlich vom restlichen Angebot ab.

Die Angebote von vorgeblich originalen 2002 tii Cabriolets mit Überrollbügel sollte man getrost vergessen. Manche BMW-Händler haben im Nachhinein den 130 PS-Motor in das Frischluftgefährt eingebaut – dies ist aber nie bei der Herstellungsfirma Baur selbst geschehen, noch mit offizieller Billigung von BMW.

BMW 2002 turbo

Der Turbo spielt auf dem Youngtimer-Markt eher eine Nebenrolle. Ohnehin nur in einer geringen Stückzahl produziert, sind heute fast alle 2002 turbos in festen Händen. Mit der Alltagstauglichkeit ist es ohnehin nicht allzu weit her: Der Turbomotor der ersten Stunde ist in seiner Leistungsentfaltung problematisch und entwickelt exzessiven Durst. Außerdem leidet die Auspuffanlage inklusive Turbolader unter Überhitzungserscheinungen. Aber neben einem BMW 328 oder einem 507 macht sich der 2002 turbo in der Privatsammlung ganz gut . . .

BMW touring

Eine Sonderstellung nimmt auch der Touring ein. Nur 30.000 Exemplare liefen in drei Jahren Bauzeit vom Band. Der Flop von damals entwickelt sich aber immer mehr zum Klassiker-Hit von heute. Tourings sind jetzt gesuchte Raritäten. Wenn gar ein guter 2002 tii touring angeboten wird, sollten Fans nicht lange zögern – vor allem, wenn er mit dem begehrten Sport-Paket ausgestattet ist.

Tuning-BMWs

Exoten besonderer Art sind natürlich die Alpina-, Schnitzer- oder Koepchen-getunten 02. Der Prozentsatz der Fahrzeuge, die in den Jagdgründen des Motorsports geblieben sind, ist allerdings extrem hoch. Ein äußerlich unveränderter 2002 mit 150 PS-Motor, egal ob von Alpina-, Schnitzer- oder GS-Tuning, dürfte also ein absoluter Glücksfall sein. Tuning-Fahrzeugen haftet allerdings in der Klassiker-Szene immer das Manko des nicht Originalen an. Eigentlich unbegründet, wenn die Tuning-Maßnahmen zeitgenössisch sind. Denn schon immer haben die kompakten BMWs ihre Besitzer zum Umbauen und Schnellermachen gereizt. Insofern kann auch ein optisch veränderter 2002 durchaus noch „original" sein. Trotzdem: Mit „frisierten" BMWs tun sich die Oldtimer-Freunde äußerst schwer.

Allgemeines

BMWs der 02-Reihe sind sportliche Fahrzeuge. Deswegen müssen Sie damit rechnen, daß schon Ihre Vorgänger die Freude am Fahren unter intensiver Nutzung des Gaspedals genossen haben. Auch die beste Konstruktion unterliegt dadurch hohem Verschleiß. Ein genauer Blick auf den Fahrzeugbesitzer und die Fahrzeugpapiere läßt aber unter Umständen auch einen Rückschluß auf den Zustand der Innereien zu.

Fahrzeuge aus erster Hand sind natürlich erste Wahl – wenn auch äußerst selten. Ihr Pflegezustand ist meist besser als der gleichaltriger Fahrzeuge, die durch viele Hände gegangen sind. Auch wenn jetzt vielen Unrecht getan wird – bei Vorbesitzern in „gesetzterem" Alter kann ein Käufer eher davon ausgehen, daß Motor und Fahrwerk des 02 nicht ständig das Letzte abverlangt worden ist.

Ein untrügliches Zeichen einer „bewegten" Vergangenheit sind auch Spoiler, Heckflossen oder ähnliche Zierteile. Ganz abgesehen davon, daß sie – egal wie liebevoll angebaut – den Liebhaberwert schmälern, neigten Besitzer solch modifizierter 02-Typen wohl eher zu einer beherzten Fahrweise.

Wertsteigernd dagegen ist originales Zubehör jeder Art, ob Fünfganggetriebe mit Sperrdifferential, BMW-Sportlenkrad, BMW-Aluminiumfelgen oder ein Stahlschiebedach, insbesondere, wenn es elektrisch ist. Überhaupt ist die L-Ausstattung, die ab 1973 für alle Modelle gegen Aufpreis angeboten wurde, heute gesucht. Beim Touring 2000 tii gilt als besonderer Leckerbissen das – damals aufpreispflichtige – Rallye-Paket mit Sportsitzen, Chrom-Schweller-Leiste und Aluminiumfelgen. Besonders gefragt beim 2002 turbo: die originalen 6-Zoll-Alufelgen und das elektrische Schiebedach. Die Lederausstattung, die es nicht in der offiziellen Preisliste, wohl aber für jeden 02 auf besonderen Kundenwunsch gab, steigert den Wert natürlich ebenfalls beträchtlich.Wertminderndsind dagegen nicht zeitgemäße, nachträglich montierte Extras, beispielsweise ein Glasdach oder Einbaulautsprecher.

Neue Blechteile für die 02-Typen sind noch überall erhältlich.

Vor allem die Innenschweller des Cabriolets sind häufig verrostet.

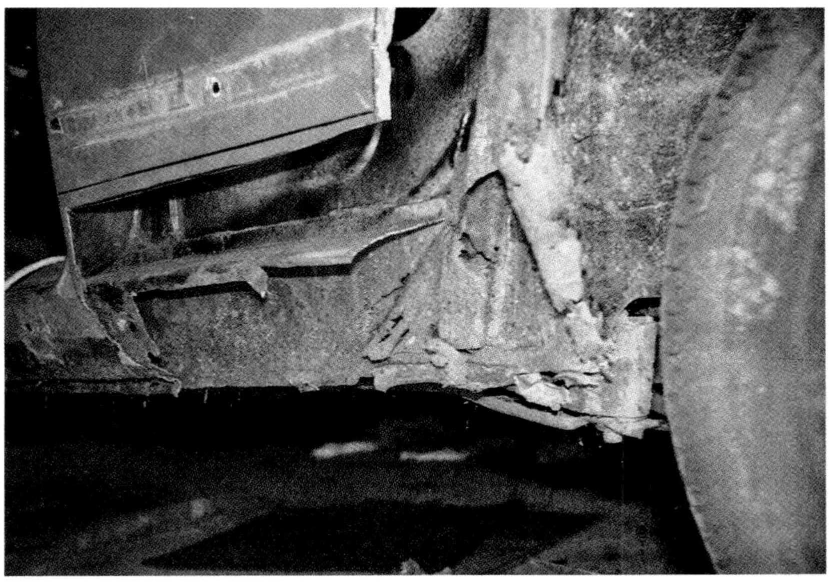

Bild der Zerstörung: Schweller und Radhaus

Karosserie

Der Zahn der Zeit nagt auch am Blechkleid des 02. Zwar hat ihm das Werk aufwendige Korrosionsschutzmaßnahmen spendiert, aber dem jahrelangen Dauerstreß durch Salz, Feuchtigkeit und Steinschlag haben nicht alle Karosserien standhalten können.

Die vorderen Kotflügel sind wie bei fast allen Autos mit selbsttragender Karosserie besonders rostanfällig. Oftmals sind auch die Frontbleche im Bereich des Blinkers und die Stützbleche, an denen die Kotflügel angeschraubt sind, so stark betroffen, daß der Blinker keine Masseverbindung mehr hat. Der Grund: Der – eigentlich angeschraubte – Kotflügel wird zwischen Blinker und Kühlergrill auf wenigen Zentimetern Länge an das Frontblech angeschweißt. Da die meisten 02 heute nicht mehr die Original-Kotflügel besitzen, die – eigentlich nur als Transsportsicherung gedachte – Grundierung der Ersatzkotflügel meist vor der Montage nicht extra gegen Korrosion geschützt wurde, neigt gerade diese Stelle zu starkem Rostbefall. Generell sollten 02-Restaurateure nicht auf den Rostschutz von werksseitig aufgetragenen Grundierungen vertrauen, sondern Blechteile beidseitig lackieren – der beste Schutz vor erneuter Korrosion.

Die Kanten der Motorhaube sind eine weitere Schwachstelle. Besonderes Augenmerk verlangen die vorderen Federbeinaufnahmen. Wenn der Rost die zur Verstärkung des Aufhängungspunktes eingeschweißte Blechplatte erst einmal durchgefressen hat, ist es nur eine Frage der Zeit, bis das Federbein in den Motorraum durchbricht. Kritisch ist auch der Bereich, in dem der Kotflügel an die A-Säule angeschraubt wird. Hier ist auch die A-Säule selbst oft in Mitleidenschaft gezogen.

Bei einem solchen Radhaus sinkt der Mut des Bastlers schnell dahin.

Grund des Übels: Dachentwässerungsschlauch des Cabriolets.

Im Türbereich sollte besonderes Augenmerk den Türunterkanten gelten. Scheinbar harmlose Rostpickel im Bereich der Befestigungsbohrungen von Zier- und Stoßleisten sind häufig Vorboten einer kapitalen Durchrostung von innen. Die Türschweller verdienen ebenfalls besondere Beachtung – vor allem beim Cabrio. Hier ist nämlich – konstruktionsbedingt – oft der von außen nicht sichtbare Innenschweller fast immer völlig zerstört. Die Drainage des Verdecks hatte die Firma Baur durch den Schweller geleitet. Bedingt durch verstopfte Abflußlöcher blieb hier nun oft das Wasser stehen. Der – nur beim Cabrio vorhandene – Innenschweller soll aber die stabilisierende Wirkung des fehlenden Daches ersetzen. Für das Fahrverhalten ist eine sorgfältige Reparatur also nicht unwichtig.

Hoffnungsschimmer: Das Radhaus läßt wenigstens Fortschritte erkennen.

Für das Heck des Bayern gelten fast die gleichen Empfehlungen. Auch hier sollte man auf Radhäuser, Stoßdämpferaufnahmen und den Kofferraumdeckel achten. Stoßen Sie ruhig ein paar Mal mit einem kräftigen Schraubenzieher auf die Stoßdämpferaufnahmen, denn Rostschäden sind hier mit aufwendigen Reparaturarbeiten verbunden. Warnsignale an Radhäusern und Falzblechen sind vor allem aufgequollene Lackstellen und zugespachtelte, überlackierte Blechpartien.

Hat das Objekt der Begierde Ihrem prüfenden Blick bis hierher standgehalten, schauen Sie sich den Boden kritisch an. Auch hier gibt es nämlich typische Roststellen, die – wenn nicht Ihnen – spätestens dem TÜV-Prüfer auffallen. Vier Wasserablaufdeckel werden Sie am Bauch des Wagens finden, deren Ränder oft angerostet sind. Der Kofferraumboden, die Reserveradwanne sowie das hintere Karosserieabschlußblech neigen ebenfalls oft zu Rostbefall – ebenso der verstärkte und daher zugeschweißte Hinterachsträger der 2002 TI- und tii-Versionen. Das U-Profil der normalen Serie bietet hier weniger Angriffsfläche.

Können Sie dergleichen gar nicht feststellen, weil sich der Boden als von zentimeterdickem Unterbodenschutz geschwärzte Fläche präsentiert, ist gesundes Mißtrauen angebracht. Das Zuschmieren angegammelter Stellen ist oft ein probates Mittel windiger Verkäufer, um erhebliche Mängel zu kaschieren. Besonders beliebt ist das vor allem beim Frontblech unter der Stoßstange.

Rost an den Bremsleitungen beanstanden die TÜV-Prüfer besonders gerne am 02. Beim geringsten Zweifel sind aber 40 Mark für einen neuen Satz Bremsleitungen bestens angelegt.

Ein ebenso häufiger Mangel sind durchgerostete Auspuffanlagen. Bei Modellen ab 1973 kommt dies allerdings etwas seltener vor. Grund: Die Blechstärke wurde erhöht, das Blech nicht mehr gezogen, sondern gerollt und außerdem aluminiert.

Der Antrieb

Bevor Sie wieder unter dem Wagen hervorkriechen, empfiehlt sich ein weiterer prüfender Blick, ob Motor, Getriebe oder Differential Öl verlieren. Auch eine offensichtlich gerade erst durchgeführte Motor- und Unterbodenwäsche dient oft dem Zweck, Mängel zu verbergen. Schauen Sie also in diesem Fall nach der Probefahrt noch einmal nach.

Aufmerksamkeit verdienen auch Gummilager und Gummimanschetten an allen Achsen. Sie sollten nicht porös oder gar rissig sein. Verschleißfreudig ist auch die

Hardy-Scheibe zwischen Getriebe und Kardanwelle. Hier können sich Fasern aus der Scheibe lösen und an einer Sicherheitsklammer des Schaltgestänges schleifen. Unangenehmer Nebeneffekt: Die Sicherheitsklammer kann sich lösen und das Schaltgestänge aushängen – der Fahrer hält dann den losen Schalthebel in der Hand.

Noch einen Hinweis auf den Pflegezustand gibt der Wasserstand im Kühler sowie die Konsistenz des Motoröls. Ist das Öl rabenschwarz und läuft am Meßstab ab wie Wasser, dürfte der letzte Ölwechsel schon erhebliche Zeit zurückliegen. Halten Sie ruhig einmal ein Streichholz an den Ölmeßstab: Er darf sich nicht entzünden, andernfalls hat sich das Öl infolge defekter Kolbenringe mit Benzin vermengt.

Nach der eingehenden Begutachtung bei stehendem Fahrzeug wird es Zeit für eine Probefahrt. Hat das Fahrzeug schon am Samstagmorgen um neun Uhr Betriebstemperatur, liegt der Schluß nahe, daß der Verkäufer den Motor warmlaufen ließ, um Kaltstartprobleme zu verbergen. Die sind im übrigen nicht typspezifisch: Meistens sind sie lediglich ein Indiz schlechter Wartung. Ein komplett geführtes Kundendienstheft werden Sie aber bei den wenigsten 02-Typen finden.

Bei der Probefahrt empfiehlt es sich, den Wagen bei betriebswarmen Motor einmal richtig auszufahren. Erst dann kommen nämlich thermische Probleme zutage, die leider viele ältere 02 plagen. Kühlwasserverlust infolge undichter Schläuche ist oft die Ursache dafür. Ein sich ständig im roten Bereich bewegendes Kühlwasserthermometer kann allerdings auch eine ganz andere Ursache haben: Masseprobleme. Um dies zu überprüfen, schalten Sie das Licht ein und aus. Falls bei eingeschaltetem Licht die Temperatur höher ist als bei ausgeschaltetem Licht, liegen die „thermischen Probleme" in einem Massefehler des Instrumententrägers begründet.

Nehmen Sie auch einmal bei hoher Geschwindigkeit das Gas ganz weg. Fast schon 02-typisch ist dann das „Bläuen", im Rückspiegel gut zu erkennen. Ursache dafür sind oft defekte Ventilschaftdichtungen. Einen genaueren Hinweis auf den Motorzustand gibt Ihnen ein Kompressionsdiagramm. Werte unter 9,5 bar oder Differenzen zwischen den einzelnen Zylindern von mehr als 1 bar gelten als ungesund und sind oft Vorboten teurer Motorrevisionen. Einem vom Verkäufer vorgezeigten Kompressionsdiagramm sollten Sie mit Mißtrauen gegenüberstehen. Kompressionsdiagramme, die viermal vom selben Zylinder abgenommen worden sind, geben ein ganz hervorragend gleichmäßiges Bild . . .

Den Motoren des 02 können im allgemeinen jedoch gute Noten ausgestellt werden. Nur: Die Beanspruchung der sportlichen Limousinen ist eben oft außerordentlich hoch gewesen. So schwanken denn auch die Angaben zur durchschnittlichen Lebensdauer von 80 000 bis 250 000 Kilometer. Wenn die Ventile klappern und sich nicht mehr korrekt einstellen lassen, liegt dies meistens daran, daß die Kipphebelachsen verschlissen sind.

Das Getriebe sollte sich sauber durchschalten lassen, Synchronisations-Defekte machen sich am ehesten bei etwa 60 km/h bemerkbar, wenn Sie vom 3. in den 2. Gang herunterschalten. Ein knackendes Geräusch beim Einkuppeln kann von Differentialschäden herrühren, ebenso mahlende Geräusche im Schubbetrieb. Differentialschäden sind im übrigen recht häufig bei den 02-Typen. Allerdings sind die mahlenden Geräusche in erster Linie ein Schönheitsfehler, herumfahren kann man damit in der Regel noch eine ganze Weile. Beim Bremsen muß das Fahrzeug in der Spur bleiben, die Lenkung darf nur wenig Spiel haben.

Improvisation: Statt Hebebühne tut's manchmal auch ein Baumstamm.

Ist die Probefahrt beendet, kann ein nochmaliger Blick unter die Motorhaube nicht schaden. Vielleicht fallen Ihnen jetzt Ölundichtigkeiten im Motorraum auf.

Ersatzteile

In punkto Ersatzteile ärgert Sie der 02 mit weniger Schwierigkeiten und Problemen als andere Youngtimer: Ersatzteil- und Reparaturprobleme können Sie entweder in Eigenregie beheben oder aber in Ihrer BMW-Vertretung lösen lassen. Dort allerdings stoßen 02-Eigner häufig auf wenig Interesse. Auch die Lager in den BMW-Vertretungen sind meist leer. Hartnäckiges Fragen hilft aber meistens, um die Händler dazu zu motivieren, die dringend benötigten Teile nachzubestellen. Es etablieren sich allerdings auch zunehmend freie Ersatzteilhändler, die oft dann weiterhelfen können, wenn der BMW-Händler nicht mehr weiter weiß. Die folgende Liste gibt einen Überblick über Preise gängiger Ersatzteile:

Motor

AT-Motor	DM 2500,–
Zylinderkopf, leer	DM 1000,–
AT-Einspritzpumpe	DM 2500,–

Antrieb

AT-Getriebe 4-Gang	DM 1100,–
AT-Differential	DM 1200,–
AT-Sperrdifferetial	DM 1800,–

Bremse

Haubtbremszylinder (Zweikreis)	DM	220,–
Festtsattel	DM	350,–
Festsattel (TI)	DM	370,–

Blechteile

Kotflügel borsn	DM	175,–
Frontverkleidung komplett (bis '73)	DM	500,–*
Frontverkleidung komplett 7ab '73)	DM	460,–
Motorhaube	DM	520,–
Stützblech Federbein	DM	28,–
A-Säule	DM	240,–
Schweller	DM	70,–
Schwellerverstärkung	DM	220,–
Tür (Rohbau)	DM	400,–
Seitenwand hinten	DM	350,–
Seitenwand hinten (Cabrio)	DM	350,–
Heckblech (bis '73)	DM	100,–*
Heckblech (ab '73)	DM	100,–
Kofferboden	DM	180,–
Tank	DM	190,–

Zierteile

Stoßstangenhorn vorn	DM	45,–
Stoßecke vorn	DM	85,–
Stoßstange vorne Mitte	DM	115,–
Stoßecke hinten	DM	100,–
Stoßstange hinten Mitte	DM	125,–
Ziergitter Kühlergrill, eine Seite	DM	100,–
Ziergitter Kühlergrill, eine Seite (2002)	DM	120,–

* = schwer erhältlich

Adressen:

Hans-Friedrich Andexer, Haus am Luhnberg, 5600 Wuppertal 1, Telefon: 02 02/76 07 60; Thomas Pasvahl Autoteile, Blomkamp 38, 2000 Hamburg 53, Telefon: 0 40/8 00 58 01, Ovi's Oldi-Shop, Telefon: 0 23 71/5 12 11

Danhausen 1:43 Bausatz BMW touring

Anhang

Modelle

Maßstab	Typ	Hersteller	Material	Preis	Bemerkungen
1:20	2002 Turbo	Bandai/J	Kunststoff	30–60 DM[1]	Großserienbausatz, Verglasung, Innenausstattung, verchromte Heckstoßstange, verchromte Felgen, verchromte Rückspiegel, Gummireifen, authentischer Dekorset aus Abziehbildern
1:43	2002 TI	Märklin/D	Metall	50–100 DM[1]	Verglasung, Innenausstattung, Federung, Türen und Hauben zu öffnen, Motornachbildung, verchromte Stoßstangen, Frontscheinwerfer aus Strass-Steinen, Heckleuchten bemalt, verchromte Sportradkappen, Nummernschilder als Abziehbilder
1:43	2002	Modellauto Replicas	Metall	54,50 DM	Kleinserien-Bausatz, Replik des alten Märklin-Modells, schwere Ausführung, Innenausstattung, verchromte Stoßstangen, verchromte Felgen, verchromter Kühlergrill, Gummireifen, Verglasung
1:43	2002 Touring	Modellauto Replicas	Metall	59,50 DM	Kleinserien-Bausatz, Basis altes Märklin-Modell des 2002 TI, schwere Ausführung, Verglasung, Innenausstattung, verchromte Stoßstangen, verchromte Felgen, verchromter Kühlergrill, Gummireifen
1:43	2002	Sablon/F	Metall	40–60 DM[1]	Türen und Hauben zu öffnen, Kunststoffräder, Verglasung, Innenausstattung, Motornachbildung, verchromte Stoßstangen, verchromter, eingesetzter Kühlergrill mit Plexiglas-Frontscheinwerfer, Heckleuchten bemalt, verchromte Radkappen
1:43	1602-2	Polistil	Metall	30–60 DM[1]	Türen zu öffnen, Verglasung, Kunststoffräder, Innenausstattung, einziges Modell (außer Turbo) mit eckigen Rückleuchten, verchromte Stoßstangen, ital. Nummernschild als Abziehbild, auch als Polizeiwagen mit Blaulicht und Heckantenne
1:43	2002 Turbo	Solido/F	Metall	50–90 DM[1]	Verglasung, Innenausstattung, Türen zu öffnen, extra eingesetzter Kunststoff-Kühlergrill, verchromte Scheinwerfer, extra eingesetzte Rückleuchten aus transparentem, roten Kunststoff, verchromte Heckstoßstange, verchromte Felgen, Gummireifen, authentisches Dekorset aus Abziehbildern, Sitzlehnen vorklappbar, Kopfstützen
1:43	2002 Turbo	Verem/F	Metall	35 DM	Replik/Nachguß des alten Solido-Modells, Verglasung, Innenausstattung, Federung, Türen zu öffnen, extra eingesetzter Kunststoff-Kühlergrill, verchromte Scheinwerfer, extra eingesetzte Rückleuchten aus transparentem, rotem Kunststoff, verchromte Heckstoßstange, verchromte Felgen, Gummireifen, kein Dekorset, Sitzlehnen vorklappbar, Kopfstützen
1:66	2002	Schuco/D	Metall	10–25 DM[1]	Verglasung, Innenausstattung, Federung, Türen zu öffnen, Kunststoffräder, verchromte Radkappen
1:66	2002 TI	Schuco/D	Metall	15–30 DM[1]	Verglasung, Innenausstattung, Federung, Türen zu öffnen, Kunststoffräder, verchromte Radkappen
1:66	2002 Touring	Schuco/D	Metall	10–25 DM[1]	Verglasung, Innenausstattung, Federung, Heckklappe zu öffnen, Kunststoffräder, verchromte Radkappen
1:66	2002	Faller-ams/D	Kunststoff	10–25 DM[1]	Verglasung, mit Motor für Faller/ams-Autobahn nachrüstbar
1:87	2002 2002 Touring 2002 Turbo	bs-design	Gießharz	ca. 10 DM	neues Modell

[1] Das Modell ist nicht mehr im Handel. Die Notierungen sind Sammlerpreise.

Polistil 1:43 BMW 2002, links die Polizeiversion

Märklin 1:43 BMW 2002

Schuco 1:66 BMW 2002 (links und mitte) BMW 2000 tii touring (rechts)

Solido 1:43 BMW 2002 turbo

Presseveröffentlichungen

Zeitschrift	Ausgabe/Jahr	Typ	Bemerkungen
auto, motor und sport	5/66	1600-2	Fahrbericht
mot	6/66	1600-2	Vorstellung
auto, motor und sport	11/66	1600-2	Test
auto, motor und sport	20/66	1600 Alpina	Fahrbericht
mot	22/66	1600-2	Test
auto, motor und sport	26/66	1600-2	Vergleichstest
mot	19/67	1600 TI	Vorstellung
auto, motor und sport	21/67	1600 TI	Vorstellung
auto, motor und sport	23/67	1600 TI	Test
mot	1/68	2002	Vorstellung
auto, motor und sport	2/68	2002	Vorstellung
mot	2/68	1600 TI / 2002	Vergleichstest
auto, motor und sport	4/68	2002	Test
mot	19/68	2002 TI	Fahrbericht
auto, motor und sport	20/68	2002 TI	Vorstellung
auto, motor und sport	24/68	2002 Alpina	Test
mot	26/68	2002 TI	Test
auto, motor und sport	2/69	2002 TI	Test
Deutsche Auto Zeitung	8/69	2002	Test
auto, motor und sport	12/69	2002 Schnitzer	Test
mot	17/69	2002 Automatic	Test
auto, motor und sport	19/69	2002 Automatic	Test
Deutsche Auto Zeitung	10/70	2002 Köpchen	Test
mot	12/70	2002 Cabrio	Fahrbericht
mot	13/70	2002 Garmisch	Vorstellung
auto, motor und sport	16/70	2002	Doppeltest
auto, motor und sport	19/70	2002 Turbo-May	Test
auto, motor und sport	26/70	1602-2	Vergleichstest
auto, motor und sport	1/71	2002 TI Diana	Vorstellung
mot	3/71	2002 Cabrio	Vorstellung
mot	3/71	2000 Touring	Vorstellung
auto, motor und sport	5/71	2002 Cabrio	Vorstellung
Auto Zeitung	9/71	2002	Vergleich: Serie – Rennausf.
Auto Zeitung	9/71	1602-2	Vergleichstest Opel Ascona
mot	12/71	1802/2002 TII	Test
auto, motor und sport	15/71	1602 / 1802 / 2002 / 2002 TII	Test
auto, motor und sport	17/71	2000 TII Touring	Test
mot	25/71	2000 Touring	Test
auto, motor und sport	26/71	2002	Vergleichstest
mot	12/72	2002 Cabrio	Kurztest
auto, motor und sport	16/72	2000 TII Touring	Dauertest
Auto Zeitung	10/73	2002 TII	Vergleichstest
mot	10/73	02-Reihe	Modellreport
auto, motor und sport	19/73	2002 Alpina	Test
mot	12/74	02-Reihe	Modellreport
Auto Zeitung	17/74	1802	Vergleichstest
auto, motor und sport	19/74	2002 Turbo	Test
auto, motor und sport	3/75	1502	Test
mot	3/75	1502	Vorstellung
auto, motor und sport	6/75	2002 Alpina	Test
mot	8/75	1502	Kurztest
mot	1/76	1502	Dauertest

Zulassungszahlen 02-Typen in Deutschland:

Jahr	1600-2	1802	2002	1502	Gesamt
1966	6 371	–	–	–	6 371
1967	19 601	–	–	–	19 601
1968	18 840	–	14 886	–	33 726
1969	15 873	–	18 778	–	34 651
1970	20 170	–	25 871	–	46 041
1971	15 036	10 920	24 545	–	50 501
1972	13 050	23 025	25 705	–	61 780
1973	12 119	18 162	18 397	–	48 678
1974	16 876	14 849	12 653	–	44 378
1975	9 975	8 728	7 002	24 152	49 857
1976	–	–	–	15 134	15 134
1977	–	–	–	8 325	8 325
Gesamt	147 911	75 648	147 837	47 611	419 007

	1600-2	1600 TI	2002	2002 TI
Motor	Vierzylinder-Viertakt-Reihenmotor, um 30° nach rechts geneigt eingebaut, wassergekühlt, schräghängende, versetzt angeordnete Ventile (52°), obenliegende Nockenwelle durch Duplex-Kette angetrieben, Motorblock und Zylinder aus Grauguß, Leichtmetall-Zylinderkopf, fünffach gelagerte Kurbelwelle (Zweilitermotor: mit acht Gegengewichten), Kühlerinhalt 7 Liter, Ölinhalt ca. 4 Liter			
Hubraum	1573 ccm		1990 ccm	
Bohrung	84	84	89	89
Hub	71	71	80	80
Leistung/PS	85	105	100	120
bei U/min	5700	6000	5000	5500
max. Drehmoment mkp	12,6	13,4	16,0	17,0
bei U/min	3000	4500	3000	3600
PS/Liter	54	67	50	60
mittlere Kolbengeschwindigkeit bei Nenndrehzahl m/s	13,5	14,2	14,7	14,7
Gemischaufbereitung	Solex Fallstrom-vergaser 38 PDSI	2 Solex Horizontal-Doppelvergaser 40 PHH	Solex Fallstrom-vergaser 40 PDSI	2 Solex Horizontal-Doppelvergaser 40 PHH
Tankinhalt	46 Liter			
Lichtmaschine	300 Watt ab 1/69: 490 Watt	500 Watt	490 Watt Drehstrom	500 Watt Drehstrom
Batterie	6 V/77 Ah (ab 9/67: 12 V/44 Ah)	12 V/44 Ah	12 V/44 Ah	12 V/44 Ah
Kraftübertragung	Einscheiben-Trockenkupplung, sperrsynchronisiertes Vierganggetriebe mit Mittelschaltung (Automatic: automatisches ZF-Getriebe, hydraulischer Wandler, Dreigang-Planetengetriebe), geteilte Kardanwelle, Ölinhalt Getriebe: 1,0 Liter, Achsantrieb 0,9 Liter			
Getriebeübersetzungen:			wahlweise Automatic	wahlweise Fünfganggetriebe
1. Gang	3,385	3,385	3,835	3,835 3,386
2. Gang	2,053	2,053	2,053	2,054 2,160
3. Gang	1,345	1,345	1,345	1,345 1,579
4. Gang	1,000	1,000	1,000	1,000 1,241
5. Gang	–	–	–	– 1,000
R-Gang	4,180	4,180	4,180	4,180 4,180
Achsantrieb	4,11	3,9	3,64	3,64
Fahrwerk	Selbsttragende Karosserie, vorn Einzelradaufhängung an Federbeinen und Dreiecks-Querlenkern, Schraubenfedern, hinten Einzelradaufhängung an Schräglenkern und Schraubenfedern, vorn und hinten Gummizusatzfedern und hydraulische Teleskopstoßdämpfer, vorne Scheiben-, hinten Trommelbremsen (2002 TI ab 10/1968, ab 1/1969 alle Doppel-Zweikreis-System), Schneckenrollenlenkung Übersetzung 17,58:1, mechanische Handbremse			
		Servo-Bremse		Servo-Bremse
Spurweite vorn mm	1320	1330	1330	1330
Spurweite hinten mm	1320	1330	1330	1330
Felgengröße	$4^1/_2$ J × 13			5 J × 13
Reifengröße	6,00 × S 13 (ab 8-1970: 165 SR 13)	165 SR 13	165 SR 13	165 SR 13
Maße und Gewichte	Radstand 2500 mm, Außenmaße 4230 × 1590 × 1410 mm, Innenbreite vorn 1315 mm, hinten 1375 mm, Innenhöhe über Sitzhinterkante vorn 940 mm, hinten 865 mm, Sitztiefe vorn 500 mm, hinten 500 mm, Wendekreis 10,5 m, $3^1/_2$ Lenkradumdrehungen von Anschlag zu Anschlag			
Leergewicht kg	936	962	990	1010
zulässiges Gesamtgewicht kg	1320	1320	1390	1350
Leistungsgew. vollgetankt kg/PS	11,0	9,2	9,9	8,4
Fahrleistungen				
Beschleunigung von 0–100 km/h	13,3	10,8	10,9	9,4
Testwert	12,3	10,4	10,4	9,2
Vmax km/h	160	170	170	185
Testwert	165	175	173	183
Verbrauch				
Normverbrauch (Liter/100 km)	9,9	10,6	10,0	10,3
Testverbrauch (Liter/100 km)	12,8	13,6	11,0	12,7
Preise				
4/1966	8 650,–			
6/1967		9 950,–		
1/1968	8 679,– (Limousine) 11 979,– (Cabriolet)	10 032,–	9 394,–	
7/1968	8 758,– (Limousine)	10 123,–	9 479,–	
10/1968				10 989,–
11/1969	9 280,– (Limousine) 13 253,– (Cabriolet)		9 978,– 10 656,– (Automatic)	11 988,–
1/1971	9 990,– (Limousine) 13 253,– (Cabriolet)		10 767,– 11 988,–	12 321,–
Produktionszahlen	144 516	10 836	256 788	14 744
Bauzeit	4/1966– 4/1971 Cabriolet: 9/1967–12/1971	10/1967–11/1968	1/1968–4/1971	10/1968–4/1971

	1602	1802	2002	2002 TII
Motor	Vierzylinder-Viertakt-Reihenmotor, um 30° nach rechts geneigt eingebaut, wassergekühlt, schräghängende, versetzt angeordnete Ventile (52°), obenliegende Nockenwelle durch Duplex-Kette angetrieben, Motorblock und Zylinder aus Grauguß, Leichtmetall-Zylinderkopf, fünffach gelagerte Kurbelwelle (Zweilitermotor: mit acht Gegengewichten), Kühlerinhalt 7 Liter, Ölinhalt ca. 4 Liter			
Hubraum	1573 ccm	1766 ccm	1990 ccm	1990 ccm
Leistung/PS	85	90	100	130
bei U/min	5700	5250	5500	5800
Bohrung	84	89	89	89
Hub	71	71	80	80
max. Drehmoment mkp	13,2	14,6	16,0	18,1
bei U/min	3500	3000	3000	4500
PS/Liter	54	51	50	65
mittlere Kolbengeschwindigkeit bei Nenndrehzahl m/s	13,5	12,4	14,7	15,5
Gemischaufbereitung	Solex- vergaser 38 PDSI	38 PDSI	40 PDSI	Benzineinspritzung System Kugelfischer
Tankinhalt	46 Liter (ab 1973 50 Liter)			
Lichtmaschine	630 Watt Drehstrom	630 Watt Drehstrom	630 Watt Drehstrom	630 Watt Drehstrom
Batterie	12 V/36 Ah	12 V/44 Ah	12 V/44 Ah	12 V/44 Ah
Kraftübertragung	Einscheiben-Trockenkupplung, hydraulisch betätigt, sperrsynchronisiertes Vierganggetriebe mit Mittelschaltung (Automatic: automatisches ZF-Getriebe, hydraulischer Wandler, Dreigang-Planetengetriebe), geteilte Kardanwelle, Ölinhalt Getriebe: 1,0 Liter, Achsantrieb 0,9 Liter			
Getriebeübersetzungen:			wahlweise Automatic	wahlw. Fünfganggetriebe
1. Gang	3,764	3,764	3,764	3,368 3,764
2. Gang	2,015	2,015	2,015	2,020 2,160
3. Gang	1,320	1,320	1,320	1,320 1,579
4. Gang	1,000	1,000	1,000	1,000 1,241
5. Gang				1,000
R-Gang	4,096	4,096	4,096	4,096 4,096
Achsantrieb	4,11	4,11	3,64	3,45
Fahrwerk	Selbsttragende Karosserie, vorn Einzelradaufhängung an Federbeinen und Dreiecks-Querlenkern, Schraubenfedern, hinten Einzelradaufhängung an Schräglenkern und Schraubenfedern, vorn und hinten Gummizusatzfedern und Stabilisatoren (Stabilisatoren nur 2002 und 2002 TII), hydraulische Teleskopstoßdämpfer, Servo-Doppel-Zweikreis-Bremssystem, vorne Scheiben-, hinten Trommelbremsen, Schneckenrollenlenkung Übersetzung 17,58:1, mechanische Handbremse			
Spurweite vorn/hinten mm	1320/1320	1330/1320	1330/1330	1348/1348
Felgengröße	4½ J × 13		ab 9/73: 5 J × 13 H 2	5 J × 13 H 2
Reifengröße	165 SR 13	165 SR 13	165 SR 13	165 HR 13
Maße und Gewichte	Radstand 2500 mm, Außenmaße 4230 × 1590 × 1410 mm, Innenbreite vorn 1315 mm, hinten 1375 mm, Innenhöhe über Sitzhinterkante vorn 940 mm, hinten 865 mm, Sitztiefe vorn 500 mm, hinten 500 mm, Wendekreis 10,5 m, 3½ Lenkradumdrehungen von Anschlag zu Anschlag			
Leergewicht kg	970	970	990	990
zulässiges Gesamtgewicht kg	1370	1370	1390	1390
Leistungsgew. vollgetankt kg/PS	11,4	10,8	9,9	7,6
Fahrleistungen				
Beschleunigung von 0–100 km/h	13,3	11,8	10,9	9,4
Testwert	12,3	10,4	10,4	9,7
Vmax km/h	160	165	170	186
Testwert	165	170	173	190
Verbrauch				
Normverbrauch (Liter/100 km)	9,9	9,9	10,0	8,8
Testverbrauch (Liter/100 km)	11,6	12,8	11,0	12,3
Preise 5/1971	9 990,–	10 434,–	10 878,– 12 099,– (Automatic) 14 208,– (Cabriolet) 14 985,– (Targa)	12 765,–
9/1971	10 250,–	10 770,–	10 878,– 12 490,– (Automatic) 14 985,– (Targa)	13 180,–
1/1972	10 645,–	11 195,–	11 695,– 12 995,– (Automatic) 15 490,– (Targa)	13 740,–
2/1973	11 100,–	11 700,–	12 300,– 13 650,– (Automatic) 15 985,– (Targa)	14 400,–
9/1973	11 280,–	11 880,–	12 530,– 13 880,– (Automatic) 16 215,– (Targa)	14 630,–
9/1974	12 390,–	13 180,–	13 880,– 15 230,– (Automatic)	16 180,–
Produktionszahlen	87 804 (–8/73) 47 139 (ab 8/73)	61 118 (–8/73) 22 234 (ab 8/73)	256 788 (–8/73) 22 234 (ab 8/73)	30 984 (–8/73) 7 755 (ab 8/73)
Bauzeit	5/1971– 6/1975			

	1600 touring	1800 touring	2000 touring	2000 tii touring
Motor	Vierzylinder-Viertakt-Reihenmotor, um 30° nach rechts geneigt eingebaut, wassergekühlt, schräghängende, versetzt angeordnete Ventile (52°), obenliegende Nockenwelle durch Duplex-Kette angetrieben, Motorblock und Zylinder aus Grauguß, Leichtmetall-Zylinderkopf, fünffach gelagerte Kurbelwelle (Zweilitermotor: mit acht Gegengewichten), Kühlerinhalt 7 Liter, Ölinhalt ca. 4 Liter			
Hubraum	1573 ccm	1766 ccm	1990 ccm	1990 ccm
Leistung/PS	85	90	100	130
bei U/min	5700	5250	5500	5800
Bohrung	84	89	89	89
Hub	71	71	80	80
max. Drehmoment mkp	13,2	14,6	16,0	18,1
bei U/min	3500	3000	3000	4500
PS/Liter	54	51	50	65
mittlere Kolbengeschwindigkeit bei Nenndrehzahl m/s	13,5	12,4	14,7	15,5
Gemischaufbereitung	Solex Fallstrom-vergaser 38 PDSI	38 PDSI	40 PDSI	Benzineinspritzung System Kugelfischer
Tankinhalt	52 Liter			
Lichtmaschine	490 Watt Drehstrom	490 Watt Drehstrom	490 Watt Drehstrom	630 Watt Drehstrom
Batterie	12 V/44 Ah	12 V/44 Ah	12 V/44 Ah	12 V/44 Ah
Kraftübertragung	Einscheiben-Trockenkupplung, hydraulisch betätigt, sperrsynchronisiertes Vierganggetriebe mit Mittelschaltung (Automatic: automatisches ZF-Getriebe, hydraulischer Wandler, Dreigang-Planetengetriebe), geteilte Kardanwelle, Ölinhalt Getriebe: 1,0 Liter, Achsantrieb 0,9 Liter			
Getriebeübersetzungen:			wahlweise Automatic	wahlweise Fünfganggetriebe
1. Gang 2. Gang 3. Gang 4. Gang 5. Gang R-Gang Achsantrieb	3,764 2,015 1,320 1,000 4,096 4,11	3,764 2,015 1,320 1,000 4,096 4,11	3,764 2,015 1,320 1,000 4,096 3,64	3,764 3,368 2,020 2,160 1,320 1,579 1,000 1,241 1,000 4,096 4,096 3,45
Fahrwerk	Selbsttragende Karosserie, vorn Einzelradaufhängung an Federbeinen und Dreiecks-Querlenkern, Schraubenfedern, hinten Einzelradaufhängung an Schräglenkern und Schraubenfedern, vorn und hinten Gummizusatzfedern und Stabilisatoren (Stabilisatoren nur 2002 und 2002 tii), hydraulische Teleskopstoßdämpfer (2002 tii touring: Gasdruckstoßdämpfer), Servo-Doppel-Zweikreis-Bremssystem, vorne Scheiben-, hinten Trommelbremsen, Schneckenrollenlenkung Übersetzung 17,58:1, mechanische Handbremse			
Spurweite vorn mm Spurweite hinten mm Felgengröße Reifengröße	1348 1348 4 1/2 J × 13 165 SR 13	1348 1348 165 SR 13	1348 1348 ab 9/73: 5 J × 13 H 2 165 SR 13	1348 1348 5 J × 13 H 2 165 HR 13
Maße und Gewichte	Radstand 2500 mm, Außenmaße 4110 × 1590 × 1380 mm, Innenbreite vorn 1320 mm, hinten 1270 mm, Innenhöhe über Sitzhinterkante vorn 950 mm, hinten 870 mm, Sitztiefe vorn 470 mm, hinten 460 mm, Wendekreis 10,5 m, 3 1/2 Lenkradumdrehungen von Anschlag zu Anschlag			
Leergewicht kg zulässiges Gesamtgewicht kg Leistungsgew. vollgetankt kg/PS	1085 1450 12,8	1085 1450 12,1	1085 1450 10,9	1085 1450 8,3
Fahrleistungen Beschleunigung von 0–100 km/h Testwert Vmax km/h Testwert	 12,8 160	 12,0 165	 10,9 170	 9,4 9,2 184 189
Verbrauch Normverbrauch (Liter/100 km) Testverbrauch (Liter/100 km)	 9,6	 9,9	 10,0	 8,8 11,8
Preise 5/1971	 10 656,–		 11 544,– 12 765,– (Automatic)	 13 653,–
9/1971	10 940,–	11 460,–	11 920,– 13 180,– (Automatic)	14 090,–
1/1972	11 320,–	11 870,–	12 370,– 13 670,– (Automatic)	14 415,–
2/1973		12 400,–	13 000,–	15 100,–
9/1973		12 580,–	13 230,–	15 330,–
Produktionszahlen	4 379	4 075	15 969	5 783
Bauzeit	5/1971–12/1972	12/1971–12/1974	5/1971–12/1974	5/1971–12/1974

	2002 turbo	1502		
Motor	Vierzylinder-Viertakt-Reihenmotor, um 30° nach rechts geneigt eingebaut, wassergekühlt, schräghängende, versetzt angeordnete Ventile (52°), obenliegende Nockenwelle durch Duplex-Kette angetrieben, Motorblock und Zylinder aus Grauguß, Leichtmetall-Zylinderkopf, fünffach gelagerte Kurbelwelle (Zweilitermotor: mit acht Gegengewichten), Kühlerinhalt 7 Liter, Ölinhalt ca. 4 Liter			
Hubraum	1990 ccm	1573 ccm		
Bohrung	89	84		
Hub	80	71		
Leistung/PS	170	75		
bei U/min	5800	5800		
max. Drehmoment mkp	24,5	12,0		
bei U/min	4000	3700		
PS/Liter	85	48		
mittlere Kolbengeschwindigkeit bei Nenndrehzahl m/s	15,5	13,7		
Gemischaufbereitung	mechan. Einspritzanlage Schäfer PL 04	Solex Fallstromvergaser 38 PDSI		
Tankinhalt	70 Liter	50 Liter		
Lichtmaschine	630 Watt Drehstrom	490 Watt Drehstrom		
Batterie	12 V/44 Ah	12 V/36 Ah		
Kraftübertragung	Einscheiben-Trockenkupplung, hydraulisch betätigt, sperrsynchronisiertes Vierganggetriebe (2002 turbo: wahlweise Fünfganggetriebe) mit Mittelschaltung, geteilte Kardanwelle, Ölinhalt Getriebe: 1,0 Liter, Achsantrieb 0,9 Liter			
Getriebeübersetzungen:				
1. Gang	3,351 3,368	3,764		
2. Gang	1,861 2,160	2,015		
3. Gang	1,280 1,579	1,320		
4. Gang	1,000 1,241	1,000		
5. Gang	1,000			
R-Gang	3,650 3,650	4,096		
Achsantrieb	3,36	4,11		
Fahrwerk	Selbsttragende Karosserie, vorn Einzelradaufhängung an Federbeinen und Dreiecks-Querlenkern, Schraubenfedern, hinten Einzelradaufhängung an Schräglenkern und Schraubenfedern, vorn und hinten Gummizusatzfedern und Stabilisatoren, hydraulische Teleskopstoßdämpfer, Servo-Doppel-Zweikreis-Bremssystem, vorne Scheiben-, hinten Trommelbremsen, Schneckenrollenlenkung Übersetzung 17,58:1, mechanische Handbremse			
Spurweite vorn/hinten mm	1362/1362	1330/1330		
Felgengröße	$5\frac{1}{2}$ J × 13	$4\frac{1}{2}$ J × 13		
Reifengröße	185/70 VR 13	165 SR 13		
Maße und Gewichte	Radstand 2500 mm, Außenmaße 4230 × 1590 × 1410 mm turbo: 4220 × 1620 × 1410), Innenbreite vorn 1315 mm, hinten 1375 mm, Innenhöhe über Sitzhinterkante vorn 940 mm, hinten 865 mm, Sitztiefe vorn 500 mm, hinten 500 mm, Wendekreis 10,5 m, $3\frac{1}{2}$ Lenkradumdrehungen von Anschlag zu Anschlag			
Leergewicht kg	1125	1010		
zulässiges Gesamtgewicht kg	1440	1370		
Leistungsgew. vollgetankt kg/PS	6,6	13,5		
Fahrleistungen				
Beschleunigung von 0–100 km/h	7,0	14,5		
Testwert	7,1	13,3		
Vmax km/h	211	157		
Testwert	212	169		
Verbrauch				
Normverbrauch (Liter/100 km)	9,7	12,0		
Testverbrauch (Liter/100 km)	15,9	12,4		
Preise				
9/1973	18 720,–			
4/1974	19 980,–			
6/1974	20 780,–			
1/1975		11 390,–		
3/1975		11 750,–		
8/1975		12 380,–		
5/1976		12 880,–		
3/1977		13 380,–		
Produktionszahlen	1 672	71 976		
Bauzeit	1/1974–1/1975	1/1975–8/1977		

Alle Ausführungen der Vierzylinder-Motoren auf eine Blick:

Typ	Hubraum	Bohrung	Hub	Leistung	max. Drehmom.	Verdichtung	Bauzeit
1500	1499 ccm	82 mm	71 mm	80/5700	12,0/3000	8,8	8/62–12/64
1800	1773 ccm	84 mm	80 mm	90/5250	14,6/3000	8,6	9/63– 7/68
1800 ti	1773 ccm	84 mm	80 mm	110/5800	15,1/4000	9,5	10/63–12/66
1800 TISA	1773 ccm	84 mm	80 mm	130/6100	16,0/5100	10,5	1/65– 6/65
1600	1573 ccm	84 mm	71 mm	83/5500	12,6/3000	8,6	4/64– 6/66
2000	1990 ccm	89 mm	80 mm	100/5500	16,0/3000	8,5	1/66– 1/72
2000 tilux	1990 ccm	89 mm	80 mm	120/5500	17,0/3600	9,3	8/66– 3/70
2000 tii	1990 ccm	89 mm	80 mm	130/5800	18,1/4500	10,0	12/69– 7/72
1800	1766 ccm	89 mm	71 mm	90/5250	14,6/3000	8,6	8/68– 7/72
2000 C/AC	1990 ccm	89 mm	80 mm	100/5500	16,0/3000	8,5	9/65– 7/68
2000 CS	1990 ccm	89 mm	80 mm	120/5500	17,0/3600	9,3	2/66– 8/68
1600-2	1573 ccm	84 mm	71 mm	85/5700	12,6/3000	8,6	4/66– 4/71
1600 ti	1573 ccm	84 mm	71 mm	105/6000	13,4/4500	9,5	10/67–11/68
2002	1990 ccm	89 mm	80 mm	100/5500	16,0/3000	8,5	1/68– 6/75
2002 ti	1990 ccm	89 mm	80 mm	120/5500	17,0/3600	9,3	10/68– 4/71
2002 tii	1990 ccm	89 mm	80 mm	130/5800	18,1/4500	9,5	5/71– 6/75
1602	1573 ccm	84 mm	71 mm	85/5700	12,6/3000	8,6	5/71– 6/75
1802	1766 ccm	89 mm	71 mm	90/5250	14,6/3000	8,6	5/71– 6/75
2002 turbo	1990 ccm	89 mm	80 mm	170/5800	24,5/4000	6,9	1/74– 1/75
1502	1573 ccm	84 mm	71 mm	75/5800	12,0/3700	8,0	1/75– 8/77
Turbo	1990 ccm	89 mm	80 mm	200	23,8	6,8	2 Prototypen
520	1990 ccm	89 mm	80 mm	115/5800	16,5/3700	9,0	9/72– 8/77
520 i	1990 ccm	89 mm	80 mm	130/5800	18,1/4500	9,5	9/72– 7/75
520 i	1990 ccm	89 mm	80 mm	125/5700	17,5/4350	9,3	8/75– 7/77
518	1766 ccm	89 mm	71 mm	90/5500	14,3/3500	8,3	6/74– 5/81
316	1573 ccm	84 mm	71 mm	90/6000	12,5/4000	8,3	8/75– 7/80
318	1754 ccm	89 mm	71 mm	98/5800	14,5/4000	8,3	8/75– 7/80
320	1977 ccm	89 mm	80 mm	109/5800	16,0/3700	8,1	8/75– 7/77
320 i	1977 ccm	89 mm	80 mm	125/5700	17,5/4350	9,3	11/75– 7/77
316	1766 ccm	89 mm	71 mm	90/5500	14,3/4000	9,5	8/80–11/82
318 i	1766 ccm	89 mm	71 mm	105/5800	14,8/4500	10,0	8/80–11/82
315	1573 ccm	84 mm	71 mm	75/5800	12,0/3700	9,5	2/81– 8/83
518	1766 ccm	89 mm	71 mm	90/5500	14,0/4000	9,5	6/81– 8/84
518 i	1766 ccm	89 mm	71 mm	105/5800	14,5/4500	9,5	9/84– 1/88
316	1766 ccm	89 mm	71 mm	90/5500	14,0/4000	9,5	11/82– 8/87
318 i	1766 ccm	89 mm	71 mm	105/5800	14,5/4500	10,0	11/82– 8/87
316 i	1766 ccm	89 mm	71 mm	105/5800	14,5/4500	10,0	9/87– 9/88
M 3	2302 ccm	93 mm	84 mm	200/6750	24,0/4750	10,5	9/85–

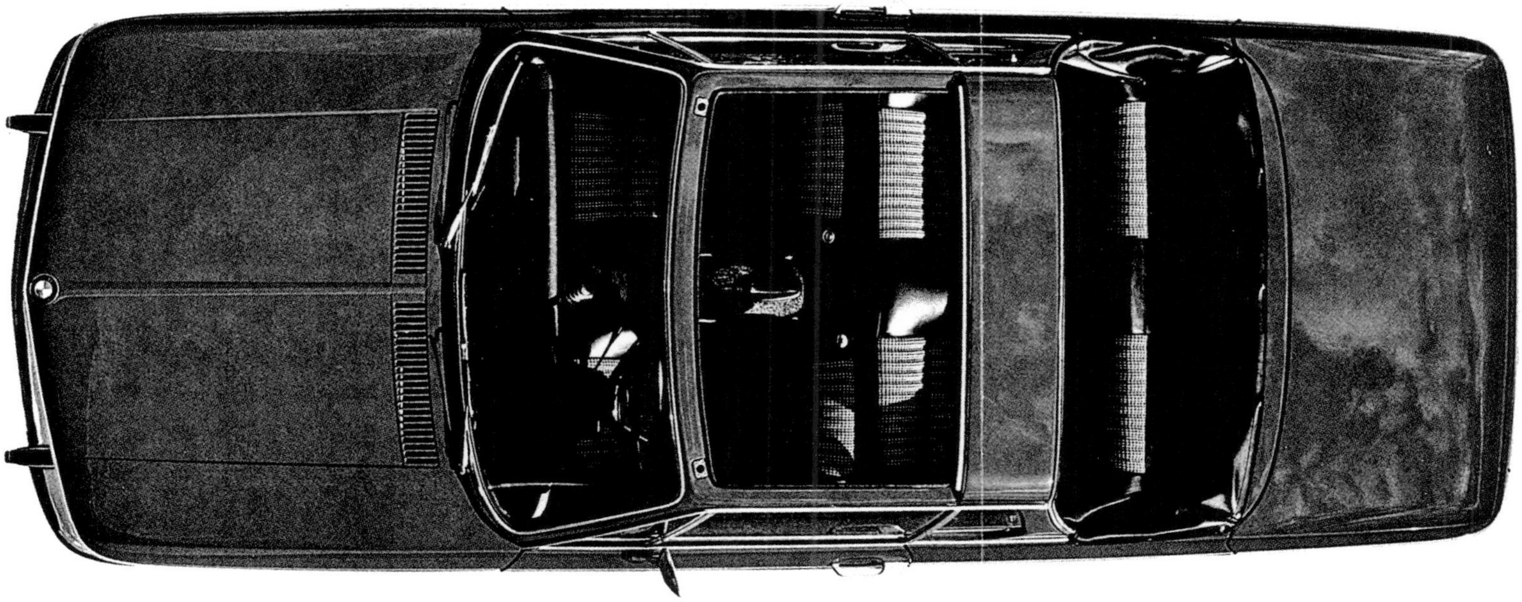

Dank

Ohne die Mitarbeit zahlreicher „helfender Hände“ wäre die Entstehung dieses Buches nicht möglich gewesen. Daher möchte ich meinem Verleger Franz-Christoph Heel stellvertretend für all jene danken, die bei Satz, Produktion und Vertrieb mitgearbeitet haben.
Doch auch die Recherchen hätten sich ohne Hilfe ungleich schwieriger gestaltet. Vor allem möchte ich hier Hans-Friedrich Andexer danken, der wesentlichen Anteil an der Bildgestaltung und -beschaffung hatte und mich in technischen Fragen beriet. Unter den vielen anderen, die geholfen haben, möchte ich folgende noch namentlich erwähnen:
Paul G. Hahnemann
Alex von Falkenhausen
Heinz Baur
Hubert Hahne
Dieter Quester
Freundliche Unterstützung leisteten außerdem die Firmen Alpina und Schnitzer, die Carozzeria Bertone, „Die Agentour“, das BMW-Werksarchiv unter Leitung von Peter Zollner, Modellauto-Experte Sebastian Gierich sowie das BMW-Archiv Saar von Dieter Bollinger.
Schließlich möchte ich meiner Frau Doris danken. Die Fertigstellung dieses Buches hat sie viel Verständnis und Geduld gekostet.
Ich hoffe, daß den 02-Fans das vorliegende Buch gefällt.

Stefan Schrahe
St. Augustin, im Februar 1989